山西省高水平专业群建设系列教材

园林树木栽培养护

尹卫东　主编

中国林业出版社
China Forestry Publishing House

内 容 简 介

本教材共分为 10 个单元，主要内容包括：园林树木栽培养护基础、园林树木的种类、园林树木的树体结构与生长发育规律、园林树木配置、园林树木栽植、园林树木生长环境管理、园林树木整形修剪、园林树木病虫害防治、立体绿化、古树名木保护。

本教材适用于园林技术、园林工程技术、园艺技术和林业技术等相关专业课程教学，还可以作为园林行业企业人员的培训教材和参考资料。

图书在版编目（CIP）数据

园林树木栽培养护／尹卫东主编. —北京：中国林业出版社，2022.12
山西省高水平专业群建设系列教材
ISBN 978-7-5219-2096-3

Ⅰ.①园…　Ⅱ.①尹…　Ⅲ.①园林树木-栽培学　Ⅳ.①S68

中国国家版本馆 CIP 数据核字（2023）第 002490 号

策划编辑：田　苗　曾琬淋
责任编辑：曾琬淋
责任校对：苏　梅
封面设计：睿思视界视觉设计

———————————————

出版发行：中国林业出版社
　　　　　（100009，北京市西城区刘海胡同 7 号，电话 010-83223120）
电子邮箱：cfphzbs@ 163. com
网址：www. forestry. gov. cn/lycb. html
印刷：北京中科印刷有限公司
版次：2022 年 12 月第 1 版
印次：2022 年 12 月第 1 次
开本：787mm×1092mm　1/16
印张：11. 875
字数：285 千字　　数字资源：28 千字
定价：48. 00 元

数字资源

《园林树木栽培养护》
编写人员

主　编

尹卫东（山西林业职业技术学院）

副主编

刘永红（山西林业职业技术学院）

王亚英（山西林业职业技术学院）

刘　玮（山西林业职业技术学院）

参　编

胡映泉（山西省林业厅苗木研究中心）

张法林（绿美园林绿化工程有限公司）

主　审

刘　和（山西林业职业技术学院）

雷淑慧（山西林业职业技术学院）

前 言

　　党的二十大报告提出：全面贯彻党的教育方针，落实立德树人根本任务，培养德智体美劳全面发展的社会主义建设者和接班人。职业教育是以就业为导向的教育类型，其重心是培养学生的职业能力和职业素养。本教材根据园林树木栽培养护工作对专业人才的需求，通过深入园林行业企业调研园林树木栽培养护职业能力，结合多年的课程教学经验，从德智体美劳全面发展的角度进行编写，力求在课程教学过程中培养全面发展的专业人才。

　　本教材按照园林行业实际工作过程对课程教学内容进行排序，做到工作任务与教学内容统一，同时做到教学单元的独立性与课程教学的灵活性有机结合。主要包括园林树木栽培养护基础、园林树木的种类、园林树木的树体结构与生长发育规律、园林树木配置、园林树木栽植、园林树木生长环境管理、园林树木整形修剪、园林树木病虫害防治、立体绿化、古树名木保护等教学单元，每个教学单元又包括基础知识和实践教学两个部分，做到园林树木栽培养护基础知识和基本技能在本教材中的系统化和全覆盖。

　　尊重自然、顺应自然、保护自然，是全面建设社会主义现代化国家的内在要求。党的二十大报告强调，必须牢固树立和践行"绿水青山就是金山银山"的理念，站在人与自然和谐共生的高度谋划发展。希望本教材的出版，能在推进美丽中国建设，坚持山水林田湖草沙一体化保护和系统治理，统筹产业结构调整、污染治理、生态保护、应对气候变化，协同推进降碳、减污、扩绿、增长，推进生态优先、节约集约、绿色低碳发展的过程中，为培养园林树木栽培养护相关人才发挥作用。

　　本教材由园林相关专业课程任课教师、园林行业企业专业技术人员和项目管理人员合作编写，力求做到理论与实践相结合，并体现新理念、新技术和新实践。

　　本教材由尹卫东主编，负责全书统稿。各单元编写分工如下：尹卫东编写单元1、单元5、单元9，刘玮编写单元2、单元4，王亚英编写单元 3、单元 6，胡映泉编写单元 7，刘永红编写单元 8，张法林编写单元 10。

　　本教材适用于园林技术、园林工程技术、园艺技术和林业技术等相关专业课程教学，还可以作为园林行业企业人员的培训教材和参考资料。

　　由于编者水平有限，不足之处在所难免，敬请各位读者批评指正。

编者

2022 年 11 月

目 录

单元1 园林树木栽培养护基础

知识目标

1. 掌握园林树木的概念、特点及作用。
2. 掌握园林树木调查的基础知识和园林树木养护工作的主要内容。

能力目标

1. 能够对周边环境中的园林绿地进行调查。
2. 能够识别园林要素。
3. 能够识别当地常见园林树木，认知当地常见园林树木的生物学特征和生态学特性。

1.1 园林树木栽培养护相关概念

（1）园林树木

园林树木是在园林中栽植应用的树木，是园林的重要组成部分，具有重要的生态作用和景观作用。

（2）园林树木栽培养护

园林树木栽培养护就是在园林中栽植和养护管理树木，具体内容涉及园林树木配置、园林树木栽植和园林树木养护管理。

1.2 园林树木特点

（1）种类繁多

园林绿地中的园林树木可达十几种、几十种甚至上百种，一个地区的园林树木可达几百种。

（2）树体差异较大

树高从几十厘米到百米以上，冠幅从几米到十几米。

（3）树形多样

自然树形有圆球形、圆柱形、圆锥形、垂枝形、匍匐形、攀缘形和不规则形等树形，整形修剪培养的树形种类更多。

（4）器官大小、形状和颜色各异

树干、树枝、叶片、花和果实差异明显，花色分为白色、红色、黄色、紫色、粉色、蓝色、浅绿色和棕色等，花的大小从几毫米到十几厘米，花的香味也不同。

（5）开花季节不同

开花季节有春季、夏季、秋季和冬季。

（6）寿命较长

园林树木的生命周期较长，短的几十年，长的可以达到几千年。

（7）生态作用强

园林树木具有极强的生态作用，通过光合作用、呼吸作用和蒸腾作用，对环境产生较大的影响。

1.3 园林树木生态学特性

（1）园林树木对土壤的要求

不同园林树木对土壤环境的要求不同，具体包括对土壤厚度、质地、类型、酸碱度、有机质、矿质元素、含水量和地下水位的要求。

（2）园林树木对光照的要求

不同园林树木对光照的要求不同，大部分园林树木需要充足的光照，少数园林树木是耐阴树种，需要光照较弱的环境。

（3）园林树木对空气的要求

园林树木的光合作用吸收空气中的二氧化碳（CO_2），而呼吸作用利用空气中的氧气（O_2）。空气污染对园林树木的生长发育产生影响。根系的呼吸作用对土壤空气含量有一定要求。

（4）园林树木对水分的要求

所有生命活动都离不开水分，水分是重要的环境因子，也是园林树木生长发育的原料。园林树木根系从土壤中吸收水分，通过树干和枝条把水分运输到其他各个器官。不同园林树木对土壤含水量的要求不同，湿生树种能够适应含水量较高的土壤，旱生树种能够适应含水量较低的土壤，而中生树种对土壤含水量要求不严格。土壤含水量达到田间最大持水量的60%～80%时，最适合园林树木生长。

（5）园林树木对温度的要求

气温和地温决定园林树木的分布和生长发育。不同园林树木对环境温度的要求不同，园林树木具有最适、最低和最高生长温度，在最适生长温度条件下生长良好，在最低和最高生长温度条件下生长缓慢。园林树木萌芽、生长、开花、结果、落叶和休眠都需要特定的温度条件，温度不适时，园林树木的器官生长发育不良，不能正常完成以上生命活动。

1.4 园林树木作用

1.4.1 生态作用

园林树木的生态作用是园林树木对环境的作用，包括对空气、土壤、光照、水分和温度的作用。

（1）园林树木对空气的作用

①吸收 CO_2 和释放 O_2　园林树木的光合作用吸收空气中的 CO_2，把 CO_2 和水（H_2O）合成糖类，同时向空气中释放 O_2，降低空气中 CO_2 含量，提高 O_2 含量。

②提高空气湿度　园林树木的蒸腾作用把树体内的水分以水蒸气的形式通过叶片释放到空气中，降低空气温度，提高空气湿度。

③净化空气　园林树木能够吸收空气中的有毒气体和微小颗粒物；分泌杀菌物质，杀死空气中的细菌；分泌芳香物质，增加空气负离子含量，有益于人类健康。

④减少空气流动　园林树木的树体能够降低风速，减少空气流动。

（2）园林树木对土壤的作用

园林树木的根系可疏松土壤，提高土壤通透性，增加土壤有机物含量，调节土壤水分、空气和矿质元素含量，以及影响土壤生物的生长等。

（3）园林树木对光照的作用

园林树木的叶片吸收和遮挡太阳光，同时起到降温的作用。

（4）园林树木对水分的作用

园林树木吸收土壤水分，通过蒸腾作用把水分释放到空气中，增加空气中的水分含量，提高空气湿度，促进环境中的水分循环。园林树木还可以吸收降水，减少地表径流。

（5）园林树木对温度的作用

园林树木能够吸收和遮挡太阳光，大面积栽植的园林树木能够显著降低环境温度，为居民创造舒适的室外环境。

1.4.2 景观作用

园林树木大小不一、形状各异，器官和季相千差万别，每一株园林树木都能表现出独特的景观效果。园林树木的群体景观效果更明显，如香山红叶景观就是成千上万株树木共同营造的。在园林中，绿篱、色块、片林都是群体景观的表现。

1.5 园林树木调查

园林树木调查就是调查指定园林绿地中栽植应用的园林树木的树种、数量、栽植方式、栽植密度、生长环境条件、生长发育状况和养护管理措施等内容的调查工作。

园林树木调查是做好园林树木栽培养护工作的基础，通过调查园林绿地中园林树木的树种、数量、栽植方式、栽植密度、生长环境、生长发育状况、园林绿化效果和养护管理措施等具体内容，发现园林树木栽培养护工作中存在的问题，提出解决问题的方法，提高园林树木栽培养护工作水平。

园林树木调查的内容包括：树种、数量、栽植方式、栽植密度、树体特征、生长发育状况、园林用途、对环境的破坏和污染等基本情况。

1.5.1　园林树木树种及数量调查

（1）园林树木树种调查

①按照树木分类学的方法，调查园林树木的科、属、种、品种。

②按照生长类型、观赏部位或园林用途等，调查园林树木所属类型。

（2）园林树木数量调查

调查园林绿地中树木的总数量，以及不同树种、品种、观赏类型和园林用途的树木的数量。

1.5.2　园林树木栽植方式调查

园林树木的栽植方式一般可以分为孤植、对植、列植、丛植、群植和林植 6 种方式，园林树木栽植方式调查是在园林绿地中判定每个树种的具体栽植方式。

1.5.3　园林树木栽植密度调查

调查规则式栽植的园林树木的株行距和不规则式栽植的园林树木的间距。调查方法是测量乔木主干中心点或灌木树冠中心点之间的距离。

1.5.4　园林树木树体调查

（1）乔木和灌木树体调查

乔木树体调查的内容主要包括：树高、胸径、地径、干高、冠幅、冠高、分枝数、干形、枝叶密度、树形和枝形等。

①树高调查　树高是从地面到树冠最高处的垂直高度，一般以米（m）为单位。幼树和低矮乔木的树高使用测杆直接测定，高大乔木的树高使用布鲁莱斯测高器测定。如果没有测量工具和仪器，可以用间接测量的方法，如高大建筑旁边的乔木可以用建筑高度作为参考估计树高，在晴天还可以用测量投影的方法测量树高。

②胸径调查　胸径是乔木主干在地面以上 1.3m 处的直径，以厘米（cm）为单位。常用围尺和游标卡尺测量胸径。

③地径调查　地径是乔木、灌木、藤木和匍地树木的主干和主枝在近地面处的直径。主干高度不足 1.3m 的乔木和灌木、藤木及匍地树木要测量地径。测量方法是在地面以上 5~15cm 的范围内测量主干或主枝的直径，使用围尺或游标卡尺进行测量。

④干高调查　干高是乔木主干的高度，是乔木主干从地面开始到第一主枝基部的垂直高度，用米（m）作单位。

⑤冠幅调查　冠幅是园林树木的树冠水平延伸的距离，单位是米（m）。测量方法是分别测量树冠在南北和东西两个方向水平延伸的距离，再计算平均值。

⑥冠高调查　乔木的树高减去干高就是冠高，单位是米（m）。

⑦分枝数调查　灌木、藤木和匍地树木需要调查从地面发出分枝的数量。

⑧乔木干形调查　乔木的干形就是乔木主干的形状，一般分为直立、稍弯和弯曲 3 种。干形调查的方法是围绕乔木转圈，观察主干的直立和弯曲程度。

⑨枝叶密度调查　枝叶密度就是树冠中枝叶的密集程度，反映树冠的遮阴能力和观赏特性，分为密、较密、较稀、稀 4 个等级。枝叶密度调查的方法是观测树冠的透光性。

⑩树形调查　园林树木的自然树形一般有圆柱形、圆锥形、圆球形、扇形、垂枝形、匍匐形、攀缘形和不规则形等，人工修剪的树形一般有圆球形、圆锥形、圆柱形、正方体形、长方体形、动物形等。可以拍摄照片记录树形。

⑪枝形调查　枝形就是枝条的形态。乔木和灌木的枝条形态多样，如新疆杨枝条为直立形，龙爪柳枝条为弯曲形，垂柳枝条为下垂形。观察和描述枝形，也可拍摄照片记录枝形。

灌木树体调查的内容主要包括：树高、冠幅、分枝数、地径、枝叶密度、冠形和枝形。

（2）藤木树体调查

藤木在园林中一般作为垂直绿化植物，用于绿化墙面、柱面和棚架等立面，也可以作为地被植物覆盖地面。藤木树体调查的内容主要包括：分枝数、树体长度、地径、枝叶密度和枝形等。

①藤木分枝数调查　调查方法是数出主枝数并做好记录。

②藤木树体长度调查　藤木的树体长度就是藤木的树体总长度。因为藤木不能直立生长，其树体高度不能代表树体的长度，因此调查藤木的时候要量其树体的长度，即从地面到树体最前端的总长度。树体较小时，可直接量取；树体较大时，先量取较容易测量的树体部分，对较难测量的树体弯曲部分可估计其长度，或者进行单独测量，然后计算藤木的树体总长度。

③藤木地径调查　其调查方法与灌木地径的调查方法相同。

④藤木枝叶密度调查　不同的藤木枝叶密度不同，有的藤木枝叶密度很大，有的则较小。调查时，观察藤木的树冠，根据树冠通透性判断藤木的枝叶密度，一般分为密、较密、稀、较稀 4 个等级。

⑤藤木枝形调查　藤木的枝条较为柔软，不能直立，但不同藤木的枝形也有区别，如有的粗而长，有的细密。调查时可根据实际情况进行文字描述，也可拍摄影像记录。

1.5.5　园林树木生长发育状况调查

（1）树龄调查

①一般树木树龄测定方法

生长锥法　用生长锥在树干上钻孔取出木芯，然后调查木芯的年轮数，就是园林树木的树龄。使用生长锥法确定树木年龄时，一定要保证钻取木芯的质量，保证木芯通过髓心，并要防止木芯破裂，同时要注意区别有些树木的伪年轮。

轮生枝法　有的园林树木具有明显的轮生枝，如松树、云杉等，可以通过调查轮生枝来推断树龄。轮生枝不明显的树木，如杨树、银杏等，也可以通过调查中心干上枝条分布的层次来推断树龄。一般情况下，每年产生一圈轮生枝，轮生枝不明显的树木则每年产生一层分枝。

查阅档案法　通过查阅园林树木栽植技术档案或者走访相关工作人员，根据园林树木栽植时间和栽植苗木的规格等信息推断树龄。

目测法　有经验的调查人员可以根据园林树木的树干粗度、树皮颜色、树皮粗糙程度、树冠大小、树冠形状和树体生长发育状况来推断树龄。

②古树名木树龄测定方法　古树名木树龄的调查要求具有一定的准确性，同时不能伤害树体，常用的调查方法有两种：一种是通过历史记载来调查树龄，没有历史记载的，也可以参考相关历史事件或者其他相关历史资料进行考证推断；另一种是对本地区已经伐倒或者死亡的同种树木的年轮进行测定，然后根据该树木主干生长量与树龄的关系推断古树名木的树龄。

（2）物候调查

调查园林树木萌芽、抽枝、展叶、开花、果实生长、叶片变色和落叶等物候现象出现和持续的时间。

（3）生长速度调查

一般调查园林树木的新梢和一年生枝的生长速度。新梢生长速度调查的方法是记录新梢抽生的时间，测量新梢的长度，然后计算生长速度。一年生枝生长速度的调查是在新梢落叶和休眠以后调查一年生枝的长度和粗度。

（4）病虫害调查

调查园林树木的病虫害情况，包括是否感染病虫害，病虫害的种类、数量和危害程度等。

（5）树体损伤情况调查

调查树体是否有损伤，损伤的位置和严重程度，包括树皮剥落、树皮开裂、枝干折断、主干树洞、树体歪斜、枝叶枯死等情况。

1.5.6　园林树木抗逆性调查

（1）抗寒能力调查

在春季调查园林树木的树体受冻情况，主要是根颈、主干和一年生枝越冬情况，判断园林树木的越冬抗寒能力。

（2）耐高温能力调查

在夏季持续高温时间段，调查园林树木新梢和叶片的生长发育情况，看看是否出现新梢干枯和叶片变色脱落的情况，判断园林树木对高温天气的适应能力，同时结合降水和灌溉进行综合判断。

1.5.7　园林树木园林用途调查

（1）生态作用调查

调查园林树木的生态作用，包括遮阴、净化空气、释放 O_2、吸收 CO_2、降低气温、滞尘和杀菌等情况。

（2）景观作用调查

具体调查园林树木的观树形、观花、观叶、观果、观枝和观根等作用。

1.5.8　园林树木养护管理措施调查

（1）土壤管理工作调查

调查内容包括土壤管理的时间、材料、工具、方法和结果。

（2）水分管理工作调查

调查园林树木水分管理的时间和方法，以及园林树木水分管理工作效果。

（3）整形修剪工作调查

调查园林树木整形修剪的时间、方法、工具和结果，以及园林树木的树形。

（4）病虫害防治工作调查

调查园林树木病虫害的种类、危害时间和危害情况，以及病虫害防治的时间、方法、工具、药剂和防治效果。

（5）越冬防寒工作调查

调查园林树木越冬防寒的时间、材料和方法，以及园林树木越冬防寒的工作效果。

1.5.9　园林树木对环境的破坏和污染调查

调查园林树木对环境产生的破坏和污染情况，如园林树木根系损毁建筑物地基、发出难闻气味、产生飞絮、分泌有毒物质等情况。

1.6　园林树木栽培养护工作概述

园林树木栽培养护工作分为3个阶段：园林树木配置、园林树木栽植和园林树木养护管理。不同阶段工作概述如下。

1.6.1　园林树木配置

（1）工作目标

按照绿地的类型和功能，结合园林树木的特性，为绿地选择树种和品种，为每一株园林树木选择适宜的栽植环境，实现绿地营造目的，保证园林树木正常生长发育，发挥良好的生态作用和景观作用。

（2）职业能力

园林树木配置相关职业能力包括：园林树木生长环境调查、园林测量、园林树木识别、园林规划设计文件撰写、园林绘图、园林树木栽植、园林工程预决算等。

（3）相关知识

园林树木配置相关知识包括：栽植地自然条件如土壤、气候、植被、地形、地貌等知识；社会经济状况相关知识，如行政区划、地理位置、道路交通、风俗习惯等；绿地类型和功能、园林要素、园林树木特性等知识；园林苗木产地、规格、造价、栽植技术等知识。

（4）主要工作内容

①实地调查　调查园林树木栽植地的自然条件、社会经济状况和甲方对绿地的基本要求。自然条件包括土壤、气候、海拔高度、地形、地貌、绿地面积、地下水位、乡土植物

等；社会经济状况包括行政区划、地理位置、道路交通、常住人口、周边单位、周边居民、风俗习惯等；甲方对绿地的基本要求包括建设目的、绿地定位、绿地类型、绿地功能、投资概算、建设时间、预期效果等。

②规划设计　在实地调查的基础上，为绿地选择适宜的树种和品种，做到适合当地自然条件、规格和数量适宜、景观效果好、生态作用强、栽植造价合理、栽植技术科学。

（5）工作流程

自然条件调查—社会经济状况调查—甲方意见征询—园林树木选择—园林树木配置—撰写说明书—绘制栽植平面图—确定栽植技术—确定栽植时间—预算栽植工程造价—规划设计工作验收。

（6）工作结果

完成园林树木规划设计说明书、园林树木规划设计图、园林树木统计表、园林树木栽植工程预算报告。

1.6.2　园林树木栽植

（1）工作目标

按照园林树木配置的结果，完成园林苗木选购、起苗、运输、储存、处理、栽植和成活期养护管理等工作，保证苗木成活和正常生长发育。

（2）职业能力

园林树木栽植相关职业能力包括：制订栽植工作方案、生长环境调查、园林测量、园林识图、园林树木识别、园林工程施工管理、定点放线、苗木采购、苗木栽植、苗木成活期养护等。

（3）相关知识

园林树木栽植相关知识包括：测量、定点放线、土地整理、挖坑（挖沟）、施肥回填、苗木选购、苗木运输、苗木储存、苗木修剪、苗木浸泡、苗木栽植、苗木浇水、苗木成活期养护等；人、财、物的管理，工地管理，施工过程管理，施工质量管理，施工进度管理等。

（4）主要工作内容

①了解项目概况　阅读园林规划设计文件，查看园林规划设计平面图和相关表格，掌握园林树木配置的基本情况，包括栽植地的自然条件、社会经济状况、甲方意见、工程预算等。

②现场调查　调查栽植地的土壤、气候、地形、地貌、植被、绿地面积，以及栽植地的交通、通信、水源、线路、管道、道路、建筑等基础设施，掌握园林树木栽植地条件，找出存在的问题，签订园林树木栽植合同，制订园林树木栽植工作方案。

③准备工作　包括组建项目团队、准备材料和工具、调派车辆和机械等。苗木采购人员赴苗木生产基地，完成苗木选购、起苗、运苗、储苗工作。进入栽植工地，安排好施工场所，包括办公场所、员工生活场所、施工机械和原材料放置场所等。做好工作人员分工，包括项目经理、技术员、资料员、财务人员、安保人员、采购人员和生活保障人员等。

④现场施工　进入施工现场，清理场地杂物，平整土地，土地测量，定点放线，挖掘栽植坑或栽植沟，完成施肥和树坑回填。树坑回填后进行苗木修剪、苗木分发、苗木栽植、现场整理、修树盘、立支架、浇水等。

⑤成活期养护管理　园林树木栽植后进行2~3年的成活期养护管理，工程验收后交甲方养护管理。园林树木要求栽植成活率100%，未成活的树木可以进行补植。

（5）工作流程

了解项目概况—现场调查—编制工作方案—准备工作—土地平整—土地测量—定点放线—挖坑(挖沟)—树坑施肥—树坑回填—苗木修剪—苗木分发—苗木栽植—苗木浇水—苗木成活期养护—工程竣工验收。

（6）工作结果

按照园林规划设计的要求完成园林树木栽植工作，做到树种、品种、数量、规格、价格、栽植方式、栽植地点、栽植时间、栽植技术等准确无误，园林树木成活率达到100%。

1.6.3　园林树木养护管理

（1）工作目标

对一定区域内的园林树木进行养护管理，保证园林树木的正常生长发育，做到树体无病虫害、无损伤，树形完整美观，在绿地中发挥良好的景观作用和生态作用。

（2）职业能力

园林树木养护管理相关职业能力包括：园林树木调查能力、园林树木生长环境管理能力、园林树木树体养护管理能力、园林工程组织管理能力等。

（3）相关知识

园林树木养护管理相关知识包括：园林树木识别、园林树木生长发育规律、园林树木生长环境管理、园林树木树体管理等。

（4）主要工作内容

①现状调查　调查绿地的环境条件、园林树木栽植和养护管理现状等基本情况。

②制订工作方案　根据园林树木养护管理现状调查结果，制订养护管理工作方案，包括养护标准、经费、人员、时间、技术、工具、材料、机械等相关内容。

③实施养护管理工作　按照园林树木养护管理工作方案实施养护管理工作，主要包括土壤管理、水分管理、整形修剪、病虫害防治、越冬防寒等。

④养护管理工作验收　园林树木养护管理工作过程中或结束后，由甲方对养护管理工作进行验收，验收内容包括养护管理相关文件、园林树木生长发育状况、工程决算书等。

（5）工作流程

现状调查—制订工作方案—安排人员、经费、材料和工具等—实施养护管理工作—养护管理工作验收。

（6）工作结果

园林树木生长环境良好；园林树木无病虫害、无损伤，树体完整，树形美观，正常生长发育和开花结实，安全越冬，发挥良好的生态作用和景观作用。

思考与练习

1. 简述园林树木的概念。
2. 简述园林树木的特点。
3. 简述园林树木的作用。
4. 园林树木栽培养护的职业能力有哪些？
5. 园林绿地中游人的活动内容有哪些？

实践教学

实践 1-1　绿地调查

【实践目的】

　　学习和掌握绿地调查的工作内容和方法，通过实地调查提高对绿地的整体认知水平。

【工具和材料】

　　皮尺、钢卷尺、围尺、笔记本、笔、文件夹、绿地调查记录表、绿地调查指导书等。

【实践内容】

　　(1) 绿地基本情况调查

　　调查绿地的行政区划、地理位置、地形地貌，绿地面积、绿化面积、绿地率、绿化覆盖率，以及绿地类型、功能、园林要素等内容。其中，绿化面积是指绿地中绿化的总体面积。绿地率是指绿地的绿化面积占绿地总面积的百分率。绿化覆盖率是指园林植物垂直投影能够覆盖绿地的面积与绿地总面积的百分率。

　　(2) 园林树木调查

　　调查绿地中的树种、数量、园林用途等相关内容。

　　(3) 游人情况调查

　　进一步调查不同时间段游人的数量、活动方式、年龄结构等，了解游人到绿地活动的时间、地点和活动内容，同时调查游人对绿地的意见和建议。

【实践安排】

　　在教师的指导下，选择一块小型绿地，学生分组开展绿地调查工作。

　　(1) 教师现场讲解和示范绿地调查的内容和方法。

　　(2) 学生以小组为单位按要求进行绿地调查，认真填写绿地调查工作记录表，撰写绿地调查工作报告。

　　(3) 教师根据调查过程和调查结果对绿地调查工作进行考核评价。

【实践结果】

　　(1) 绿地调查报告。

　　(2) 绿地调查记录表(表 1-1)。

表1-1 绿地调查记录表

调查时间：_____ 调查地点：_____

专业：_____ 班级：_____ 学号：_____ 姓名：_____

行政区划		地理位置	
绿地名称		绿地类型	
绿地功能		地形地貌	
绿地面积		绿化面积	
园林要素			
园林树种			

活动形式	活动时间	性别组成	年龄结构	活动人数	问卷调查

优点	
缺点	
存在问题	
解决办法	
心得体会	

实践1-2　园林树木生物学特征调查

【实践目的】

学习和掌握园林树木生物学特征调查的基本内容和方法，在调查的基础上进一步掌握园林树木的生物学特征。

【工具和材料】

手机、皮尺、钢卷尺、围尺、笔记本、笔、文件夹、园林树木生物学特征调查记录表、园林树木生物学特征调查指导书等。

【实践内容】

园林树木生物学特征调查的具体内容包括树种、品种、树形、树体大小、主干、枝条、叶片、花、果实和芽等生物学特征，进一步调查园林树木的萌芽、生长、开花、结果和落叶等物候期，同时调查园林树木的根蘖、分枝、干性、层性和枝条生长习性等特性。

【实践安排】

在教师的指导下，选择某一块绿地，学生分组开展园林树木生物学特征调查工作。

(1)教师现场讲解园林树木生物学特征调查的内容和方法。

(2)学生以小组为单位按要求完成园林树木生物学特征调查工作，填写园林树木生物学特征调查记录表，撰写园林树木生物学特征调查工作报告。

(3)教师根据调查过程和调查结果对学生进行考核评价。

【实践结果】

(1)园林树木生物学特征调查报告。

(2)园林树木生物学特征调查记录表(表1-2)。

表1-2 园林树木生物学特征调查记录表

调查时间：_____　　调查地点：_____

专业：_____　班级：_____　学号：_____　姓名：_____

行政区划		地理位置	
绿地名称		绿地类型	

树种名称		科名		属名	
树种类型		园林用途		栽植方式	
树龄		栽植时间		树高	
干高		冠高		胸径	
地径		分枝数		冠幅	
树形		干形		枝叶密度	
株距		物候期		生长势	

生长发育情况	
病虫危害情况	
栽培管理情况	
观赏特性	
生态作用	
存在问题	
解决办法	
心得体会	

单元2 园林树木的种类

知识目标

1. 了解园林树木分类的基本方法。
2. 掌握按照园林用途划分的园林树木类型，以及不同类型园林树木的概念、用途和特点。

能力目标

1. 能够根据园林树木的园林用途划分当地常见园林树木。
2. 能够根据园林树木的生长环境划分园林树木。

2.1 按照树木生长类型分类

(1)乔木

树体高大，主干明显，如垂柳、白榆、国槐、毛白杨、悬铃木、银杏、白皮松、日本晚樱、西府海棠等。

(2)灌木

树体矮小，主干不明显，从地面开始分枝，如丁香、连翘、榆叶梅、紫穗槐、紫叶小檗、金叶女贞、胶东卫矛等。

(3)藤木

枝条柔软，不能直立向上生长，攀缘支撑物向上生长，没有固定的树形，如葡萄、紫藤、凌霄、五叶地锦、地锦等。

(4)匍地类

树体矮小，没有攀缘的器官，不能攀缘生长，匍匐于地面向四周生长，如铺地柏、平枝栒子等。

2.2 按照观赏部位分类

（1）观树形类

树体高大、树形美观，观赏树形，成为园林绿地中的主要景观。如雪松、圆柏、云杉、国槐、银杏、毛白杨、垂柳、法国梧桐、新疆杨等。

（2）观叶类

叶片具有观赏价值，观赏叶形或叶色。如鹅掌楸叶片马褂形，琴叶榕叶片小提琴形，银杏叶片扇形；黄栌叶片红色，五角枫叶片橘黄色，紫叶小檗、金叶女贞和金叶榆叶片红色、金黄色等。

（3）观果类

果实具有一定的观赏价值，观赏果形、果色。如金银木、忍冬、苹果、桃、李、杏、海棠、山楂、柿子等。

（4）观枝干类

枝干具有观赏价值，观赏枝干的颜色和形状。如红瑞木、山桃、棣棠、金枝槐、龙爪槐、龙爪榆、龙爪柳等。

（5）观花类

花具有重要的观赏特性，观赏价值极高，观赏花形、花色，闻花香。如丁香、连翘、榆叶梅、碧桃、海棠、杏、牡丹、月季、玫瑰、木槿、珍珠梅、玉兰等。

（6）观芽类

芽在萌芽期具有观赏价值，观赏芽或芽苞。如银芽柳（银白色芽）。

（7）观根类

根系具有一定的观赏价值。如榕树的气生根。

2.3 按照园林用途分类

（1）孤赏树

单独栽植于广场等开阔的地域，观赏高大雄伟的树形。一般选用树体高大、树冠宽阔、树形优美、枝叶密度大、遮阴效果好、景观独特、无污染、无异味、病虫害少的乡土树种。如银杏、雪松、毛白杨、垂柳、旱柳、泡桐、云杉、白皮松、华山松、加拿大杨、河北杨、白榆、国槐等。

（2）行道树

栽植在道路的两侧或者道路中间的绿化带，具有划分道路空间、美化道路景观、降低交通噪声、减少空气颗粒物、遮挡阳光、降低气温、遮风挡雨、保障车辆和行人安全的作用。城市主干道选择树体高大、主干直立、树形优美、枝叶密度大、遮阴效果好、无病虫害、无污染的乡土树种，如毛白杨、银杏、新疆杨、悬铃木、白蜡等。街道或城市主干道的辅路选用中乔木或者小乔木，如合欢、国槐、垂柳、旱柳等。

（3）庭荫树

栽植在单位绿地、公园绿地、住宅小区、街头绿地的树体高大、遮阴效果较好的树木，为游人提供休闲、纳凉、消夏的空间。选择树体高大、树形美观、枝叶密度大、遮阴效果好、主干较高、无病虫害、无污染、无异味的乡土树种，如毛泡桐、悬铃木、银杏、七叶树、榕树、国槐、白榆、加拿大杨、河北杨、白蜡等。

（4）花灌木

园林绿地中用于观花的小乔木或灌木，是主要的景观树木。选择配置花灌木时，要考虑开花习性和观花效果，一般选择花大、花艳、花多、花香的树木，同时考虑营造三季有花的景观效果。可以与乔木、匍地树木配置，形成乔木、灌木和地被相结合的园林景观。如丁香、连翘、榆叶梅、碧桃、玉兰、山桃、日本晚樱、月季、玫瑰、忍冬、贴梗海棠、牡丹、迎春花、海棠、苹果、梨、桃、珍珠梅、木槿、锦带花、棣棠等。

（5）绿篱树种

用于营造绿篱、花篱、绿雕塑等。栽植在城市街道、居住小区、街头绿地和公园，用来分隔空间、导引游人、保护草坪，或用于营造背景和绿化屏障。一般选择生长较慢、树体较小、枝叶密度大、耐修剪的树种。如侧柏、圆柏、刺柏、大叶黄杨、小叶黄杨、小叶女贞、紫叶小檗、金叶女贞、胶东卫矛、白榆等。

（6）色块树种

色块是园林树木高密度栽植营造的群体造型，展示园林树木的群体美。一般选择树体较小、生长速度较慢、枝叶密度大、色彩鲜艳、耐修剪、病虫害较少、无污染、无异味的树种。如紫叶小檗、金叶女贞、胶东卫矛、小叶女贞等。

（7）地被树种

在微地形或平地栽植的匍匐生长、覆盖地面的树木，起到覆盖地面、防止扬尘和减少水土流失的作用。可以与乔木、灌木配置，营造层次分明的景观效果。如铺地柏、常春藤、五叶地锦、平枝枸子等。

（8）立体绿化树种

在立体绿化中应用的园林树木，如长廊、棚架、拱门、台柱、山石、墙面和屋顶绿化使用的树木。一般选择树体较小、耐寒、耐旱、耐高温、耐瘠薄、抗风、耐修剪、生长速度快、枝叶密度大、遮阴效果好的树种。如五叶地锦、地锦、常春藤、叶子花、葡萄、紫藤、桃叶卫矛、紫叶小檗、金叶女贞、胶东卫矛、丁香、连翘、海棠、月季、铺地柏等。

（9）防护树种

栽植于河边、湖边、山边、路边和住宅区边等起防护作用的树木，能够减小风速、降低噪声、减少环境污染、保护水体边缘和道路边缘、保护车辆和行人安全。一般选择树体高大、耐寒、耐旱、耐瘠薄、抗风、根系较深、主干直立、树形美观、枝叶密度大、生长速度快、遮阴效果好、病虫害较少、无污染、无异味的乡土树种。如毛白杨、新疆杨、银杏、垂柳、旱柳、馒头柳、国槐、泡桐、白蜡等。

（10）片林树种

在平坦开阔、面积较大的地域，选用落叶乔木大规模成片栽植成树林，营造森林景观，同时营造林下活动空间，供游人在林下休闲、娱乐。一般选择主干直立、树体高大、枝叶密度大、遮阴效果好、无病虫害、无污染的乡土树种。如毛白杨、加拿大杨、国槐、刺槐、白蜡、新疆杨、白榆等。

2.4　按照生态学特性分类

2.4.1　按照园林树木分布的气候带分类

（1）热带树种

原产于热带的树种，气温低于5℃时就会受到冻害。如椰子、槟榔、可可、橡胶等。

（2）亚热带树种

原产于亚热带的树种，能够忍受短时间的霜雪危害，气温低于-10℃时会受到冻害。如罗汉松、夹竹桃、楠木、南天竹、木兰、棕榈类等。

（3）温带树种

原产于暖温带的树种，一般能够抵抗霜雪的危害，气温下降到-20℃以下时会受到冻害，夏季高温会导致生长发育不良或停止生长。如海棠、李、樱桃、臭椿、香椿、楝树、紫藤、凌霄、枸杞、枣、苹果、梨、桃等。

（4）寒带树种

原产于寒温带和寒带的树种，气温下降到-30℃以下时能够安全越冬，但在温热环境中生长不良或者死亡。如落叶松、白桦、榛、黄檗、水曲柳、刺五加、郁李、荆条、沙棘、杏、樟子松、油松、新疆杨等。

2.4.2　按照园林树木对光照的要求分类

（1）喜光树种

在充足的光照条件下正常生长发育的树种。在遮阴或太阳光照不足的环境中生长不良。一般树体高大，生长速度快，枝叶密度大，光合作用强。如雪松、白玉兰、银杏、毛白杨、白蜡、栾树、毛泡桐、构树、鹅掌楸等。

（2）耐阴树种

在光照较弱的条件下正常生长发育的树种。一般树体较小，枝叶浓密，叶色较深，生长较慢。如大叶黄杨、金银木、猬实、丝绵木、八角金盘、鹅掌柴、常春藤等。

（3）中性树种

对光照的需求介于喜光树种和耐阴树种两者之间的树种，比较喜光，稍能耐阴。如榆叶梅、珍珠梅、紫藤、丁香、凌霄、七叶树等。

2.4.3　按照园林树木对土壤酸碱度的要求分类

（1）喜酸性树种

在土壤pH为4.0~6.5的酸性土壤中正常生长发育的树种。如杜鹃花、山茶、马尾松、栀子花、红松、橡皮树等。

（2）中性土树种

在土壤 pH 为 6.6~7.4 的中性土壤中正常生长发育的树种，大多数的园林树木都属于中性土树种。如国槐、旱柳、垂柳、白榆、银杏、毛白杨、加拿大杨、新疆杨等。

（3）耐碱性树种

在土壤 pH 达到 7.5~8.5 的碱性土壤中正常生长发育的树种。如柽柳、白蜡、月季、紫穗槐、沙棘、红柳、桂香柳等。

2.4.4 按照园林树木对土壤水分的要求分类

（1）旱生树种

在含水量较低的土壤中正常生长发育的树种。一般生长于山顶、山坡或者干旱地区。如臭椿、构树、君迁子、毛白杨、板栗、黑松、马尾松、雪松、榆树、皂荚、紫薇、雪柳、油松、山杏、酸枣、小叶锦鸡儿等。

（2）湿生树种

在含水量较高的土壤中正常生长发育的树种。一般生长在河边、湖边等土壤含水量较高的地方，能够耐受一段时间的水淹。如垂柳、旱柳、杜梨、柽柳、紫穗槐、枫杨、雪柳、白蜡、凌霄、悬铃木等。

（3）中生树种

对土壤含水量的要求不严，对土壤水分的要求介于旱生树种和湿生树种之间，在土壤含水量较低或者较高的情况下都能正常生长发育。大多数的园林树木都属于中生树种。

思考与练习

1. 园林树木分类的依据有哪些？
2. 园林树木依据园林用途分为哪些类型？

实践教学

实践 2-1　园林树木种类调查

【实践目的】

学习和掌握园林树木分类的基础知识和基本方法；在学习和掌握园林树木识别技能的基础上，按照园林树木分类的方法调查园林绿地中园林树木的类型。

【工具和材料】

望远镜、手机、笔记本、园林树木分类调查表、笔、文件夹等。

【实践内容】

（1）园林树木识别

调查园林绿地中的园林树木，识别树种。

（2）园林树木分类

在识别园林树木的基础上，根据园林树木的树形、观赏特性、园林用途和生态学特性进行分类。

【实践安排】

（1）教师现场讲解和示范园林树木识别及种类调查的内容和方法。

（2）在教师的指导下，学生分组完成园林树木识别及种类调查工作。

（3）填写园林树木分类调查表，撰写园林树木识别及种类调查报告。

（4）教师根据学生在园林树木识别及种类调查现场的操作对学生进行考核评价。

【实践结果】

（1）园林树木种类调查报告。

（2）园林树木种类调查表（表 2-1）。

表 2-1　园林树木种类调查表

调查时间：_____　　调查地点：_____

专业：_____　班级：_____　学号：_____　姓名：_____

行政区划		地理位置	
绿地名称		绿地类型	
树种名称		树种编号	
生长类型	□乔木　　□灌木　　□藤木　　□匍地类		
观赏部位	□观树形类　　□观叶类　　□观果类　　□观枝干类　　□观花类　　□观芽类　　□观根类		
园林用途	□孤赏树　　□行道树　　□庭荫树　　□花灌木　　□绿篱树种　　□色块树种　　□地被树种 □立体绿化树种　　□防护树种　　□片林树种		
温度特性	□热带树种　　□亚热带树种　　□温带树种　　□寒带树种		
光照特性	□喜光树种　　□耐阴树种　　□中性树种		
水分特性	□旱生树种　　□湿生树种　　□中生树种		
酸碱特性	□喜酸性树种　　□中性土树种　　□耐碱性树种		

单元3 园林树木的树体结构与生长发育规律

园林树木的生长发育是园林树木个体产生以后经历的生命活动历程，分为生长和发育两个方面。园林树木的细胞持续分裂，体积和重量增大的生命活动称为生长。园林树木的细胞分化，产生新的组织和器官，树体结构和功能从简单到复杂的生命活动称为发育。生长和发育是紧密相连的生命活动过程，贯穿园林树木的一生，受到遗传基因的支配，同时受到生长环境的影响。生长是发育的基础，发育是新生长的开始。

3.1 园林树木树体结构

园林树木由地上和地下两部分组成，根颈连接地上和地下部分。

3.1.1 地上部分

地上部分包括主干和树冠(图3-1)。

(1)主干

主干是乔木的第一个分枝点到地面的树体部分，连接根系和树冠。主干是水分和营养物质运输的通道，还起到支撑树冠的作用。

（2）树冠

树冠是乔木主干以上的部分和灌木的地上部分。乔木的树冠由中心干、主枝、侧枝、叶、花、果实等器官组成，灌木的树冠由主枝、侧枝、叶、花、果实等器官组成。

乔木的主干延伸到树冠中的部分称为中心干，是在树冠中央直立生长的大枝，又称为中干。中心干上生长主枝。中心干对树形产生决定性的影响。乔木的主枝是着生在中心干上的大枝，灌木的主枝是灌木从地面长出的大枝。主枝上生长的大枝称为侧枝。

中心干、主枝、侧枝等树体的永久性大枝称为骨干枝。骨干枝支撑树冠的枝、叶、花、果实等器官，运输和贮藏水分和养分。骨干枝的生长状况决定园林树木的树形。

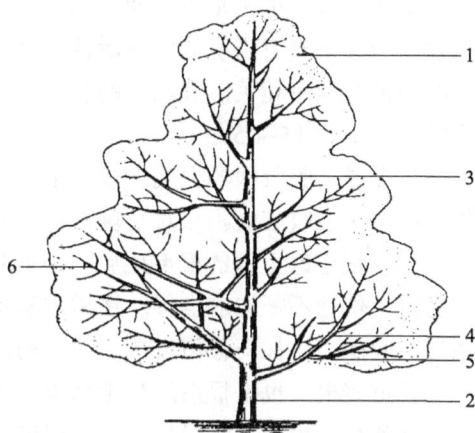

图 3-1　乔木地上部分结构

1. 树冠　2. 主干　3. 中心干　4. 主枝
5. 侧枝　6. 延长枝

延长枝是骨干枝前端的一年生枝或者新梢，起到扩大树冠的作用。延长枝生长多年就成为骨干枝。

在骨干枝上生长的具有分枝的枝条构成枝组。

一年生枝或者新梢都称为枝条，着生芽、叶片、花和果实。

3.1.2　地下部分

园林树木的地下部分是根系，由主根、侧根和须根组成（图3-2）。园林树木根系的功能是固定树体，吸收土壤水分和矿质元素，进行呼吸作用，合成有机物，分泌生长调节物质和繁殖。

（1）主根

由胚根发育成的根称为主根。主根形成早，又称为初生根。

（2）侧根

主根上生长出的根称为侧根。侧根分为一级侧根、二级侧根和三级侧根等。侧根形成晚，又称为次生根。

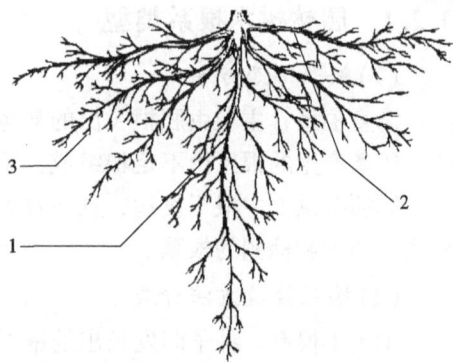

图 3-2　园林树木根系结构

1. 主根　2. 侧根　3. 须根

（3）须根

侧根上生长的细根称为须根。须根是根系最活跃的部位，具有吸收、合成、分泌、输导等功能。按照形态和功能不同，须根分为生长根、吸收根、过渡根和输导根。

①生长根　是根系的初生结构，不同树木生长根的颜色不同，分为黄色、黑色、黑褐色和白色等。生长根具有吸收能力，不断生长扩大根系分布范围，同时形成分支吸收根。生长根生长较快，粗度和长度是吸收根的2~3倍，没有菌根，能够转化为次生结构。

②吸收根 也是根系的初生结构，主要功能是从土壤中吸收水分和矿物质，并合成有机物。吸收根具有高度的生理活性，吸收根的数量占树木根系的90%以上，与树体吸收矿质营养的量紧密相关。吸收根的长度为0.1~4mm，粗度为0.3~1mm，一般不能转化为次生结构，寿命15~25d。

根毛是由吸收根的根毛区表皮细胞形成的管状突起物。根毛数量多、密度大，大大增加了根系的吸收表面积，对土壤水分和矿质元素的吸收具有重要作用。根毛的寿命一般为2~3周。根毛区上部的根毛死后，由伸长区的表皮细胞分化出根毛。根毛区的长度保持相对稳定，位置不断向前推移。在树木移植时要尽量保护好根毛，减少根毛损伤，以保持根系的吸收能力，保证移植成活。一般通过带土球移植来保护根毛。

③过渡根 也是根系的初生结构，大多数过渡根是由吸收根转化而成，生长发育一定时间后死亡；少数过渡根是由生长根转化形成，能够转变为次生结构，成为输导根。

④输导根 是根系的次生结构，来源于生长根，逐年加粗变成骨干根或半骨干根，主要功能是输导水分和营养物质，并起到固定树体的作用。

3.1.3 根颈

连接园林树木地上部分和地下部分的树体部分称为根颈，具有支撑树体、运输水分和营养物质的功能。根颈休眠最晚，容易受到冻害，因此园林树木越冬防寒首先要保护好根颈，方法是埋土、包裹和涂白。

3.2 园林树木根系类型、分布和生长发育

3.2.1 园林树木根系类型

（1）按照形态分类

①直根系 主根由胚根长出的初生根和次生根组成，长度和粗度都超过各级侧根。扦插、压条产生的根系由不定根组成，不定根发育粗壮形成直根系的形态，也称为直根系。

②须根系 主根不发达，从根颈处长出许多大小相近的不定根，呈丛生状态，称为须根系。如竹和棕榈的根系。

（2）按照繁殖方法分类

①实生根系 种子萌发长出的根系称为实生根系。特点是主根发达、分布较深、发育阶段小、生活力强、对外界环境的适应能力较强。

②茎源根系 扦插、压条产生的根系称为茎源根系，来源于母体茎上的不定芽。特点是主根不明显、根系分布浅、生理年龄较老、生活力较弱。

③根蘖根系 由根上产生的根蘖苗的根系称为根蘖根系。特点与茎源根系相似。

3.2.2 园林树木根系分布

（1）水平分布

园林树木的根系沿土壤表层水平生长和分布，生长深度为20~60cm，水平分布范围为冠幅的1~3倍。在深厚肥沃的土壤中，水平根的分布区域较小，须根特别多；在干燥瘠薄的土壤中，水平根的分布区域较大，须根稀少。

（2）垂直分布

园林树木根系的垂直分布取决于土壤和树种特性，一般深 10m 以上。疏松、透气和肥沃的土壤中，根系垂直分布较深；地下水位高或土壤板结则会限制根系向下生长。垂直根将树木固定于土壤中，从深土层中吸收水分和矿质元素。垂直根分枝弱、寿命长。

根据根系垂直分布的深浅，园林树木分为深根性树种和浅根性树种。深根性树种主根发达，深入土层；浅根性树种主根不发达，侧根或不定根向四面扩张，长度远远超过主根，根系大部分分布在土壤表层。

3.2.3 园林树木根系生长发育规律

（1）园林树木根系年生长发育规律

①树木的根系没有自然休眠，满足生长条件时可以全年生长。

②土壤环境条件不良时，根系被迫停止生长，进入休眠；土壤环境条件适宜时，根系由休眠状态迅速过渡到生长状态。

③根系的新根产生较多的时期是树冠的叶片大量形成、枝梢缓慢生长或者停止生长的时期。

（2）园林树木根系一生生长发育规律

①树木根系一生经历产生、生长、衰老和死亡的过程。

②幼树期根系离心生长的速度一般超过地上部分离心生长的速度。

③随着树龄增加，根系的生长速度降低，与地上部分生长保持一定的比例。

④根系的内部连续发生局部的自疏更新，表现为吸收根不断产生和死亡，吸收根逐渐木栓化，外表变为褐色，失去吸收功能。

⑤根系生长到最大范围后开始向心更新，大根陆续死亡，内部产生新根，更新根系。

3.2.4 影响园林树木根系生长的因素

（1）树体内的有机物含量

园林树木根系生长需要地上部分提供有机营养，营养物质丰富，则发根多、发根时间长，生长旺盛。开花、结果或叶片受伤时，地上部分提供的有机营养不足，根系生长则会受到影响。疏花、疏果和改善叶片生长，能够恢复和促进根系生长。

（2）土壤温度

土壤温度影响园林树木根系的生长发育。北方树种需要较低土温，南方树种需要较高土温。土温过低造成根系生长缓慢或停止生长，土温过高造成根系灼伤或死亡。

（3）土壤水分

园林树木根系的生长与土壤含水量关系密切，最适宜根系生长的土壤含水量为田间最大持水量的 60%~80%。土壤含水量过低，会影响根系生长。轻微干旱时，土壤水分含量较低，会抑制地上部分生长，营养物质优先用于根系生长，对花芽分化和根系生长有利。

（4）土壤通气

根系在土壤中进行呼吸，土壤通气良好时，根系生长发育良好。一般要求土壤 O_2 含量高于 15%，CO_2 含量低于 3%。CO_2 含量升高到 10% 或更高时，根的代谢功能立即受到破坏。

（5）土壤肥力

园林树木的根系向肥水较多的地方生长，土壤肥沃，则根系发达，细根多而密，生长时间长。土壤瘠薄，根系生长瘦弱，细根稀少，生长时间较短。有机肥能促进吸收根的生长，无机肥如氮肥和磷肥能促进枝叶生长，间接促进根系生长。但氮肥过量会引起枝叶徒长，削弱根的生长。微量元素硼、锰对根系生长发育有良好的影响。

（6）其他

根系的生长还受土壤厚度和质地的影响。

3.3　园林树木枝条的类型和生长发育

3.3.1　园林树木枝条类型

（1）根据枝条的生长方向分类

①直立枝　垂直于地面直立向上生长的枝条。

②斜生枝　与水平线成一定角度的倾斜向上生长的枝条。

③水平枝　与地面平行生长的枝条。

④下垂枝　枝条的前端向地面生长的枝条。

⑤内向枝　枝条的前端向树冠内部生长的枝条。

（2）根据枝条的相互关系分类

①重叠枝　分布在同一个垂直面上，上下相互重叠的枝条。

②平行枝　分布在同一个水平面上，平行生长的枝条。

③轮生枝　多个枝条的着生点相同或者很近，向四周放射状生长。

④交叉枝　在空中相互交叉生长的枝条。

⑤并生枝　一个节位产生两个或者多个并生的枝条。

（3）根据枝条生长的时间分类

①春梢　春天叶芽萌发后抽生的枝条。

②夏梢　春梢经过夏季休眠后抽生的新梢。

③秋梢　在秋季抽生的枝条。

（4）根据枝条的发育阶段分类

①新梢　春季萌芽以后长出的带叶片的枝条。

②一年生枝　新梢经过秋季或冬季落叶休眠成为一年生枝。

③二年生枝　一年生枝上的芽在春季萌发长出新梢以后，成为二年生枝。

④多年生枝　二年生枝在春季萌芽以后长出新梢，变成三年生枝。三年生枝以及三年生以上的枝条统称为多年生枝。

（5）根据枝条的性质分类

①营养枝　不能开花结果，能够正常生长发育，通过光合作用为树体提供营养物质的枝条。

②开花结果枝　着生花芽，能够开花或结果的枝条。

③徒长枝　生长发育旺盛，需要消耗树体的营养物质满足自身生长发育的枝条。

3.3.2　园林树木分枝方式

（1）单轴分枝

单轴分枝又称为总状分枝。顶芽生长始终占优势，形成通直的主干，主干上又可以有多次分枝，但所有分枝的生长都不超过主干，最后形成圆锥形树冠。单轴分枝的树木能形成通直的主干，侧枝以同样的方式形成次级侧枝。如云杉、油松等。

（2）合轴分枝

合轴分枝没有明显的顶端优势，顶芽生长一段时间后停止生长或分化为花芽，由靠近顶芽的侧芽代替其生长成新枝，新枝的生长类似于主干，最后形成多折的主轴，使树冠呈开展状态，更利于通风透光。如桃、杏、李、榆、柳、苹果、梨等。

（3）假二叉分枝

假二叉分枝是合轴分枝的一种特殊形式，其主干生长一段时间后，顶芽不再发育或形成花芽，由顶芽下面的两个对生侧芽同时迅速发育，形成两个叉状的分枝，每个分枝的生长又类似于主干。如丁香、梓树、泡桐等。

（4）多歧分枝

树木的分枝方式没有规律性，一年生枝上的分枝不规则分布。如国槐、臭椿等。

3.3.3　园林树木枝条生长方式

（1）直立生长

枝条在空中直立、斜生、水平或者下垂生长，称为直立生长。

（2）攀缘生长

枝条细长柔软，不能直立生长，缠绕或者攀附其他物体向上生长。

（3）匍匐生长

枝条细长柔软，不能缠绕或者攀附其他物体向上生长，匍匐于地面生长。

3.3.4　园林树木枝条生长阶段

园林树木每年以新梢生长来不断扩大树冠，新梢生长包括加长生长和加粗生长两个方面。在一定时间内，园林树木枝条加长生长和加粗生长的速度，称为园林树木的生长势。一年生枝的长度和粗度，就是园林树木的年生长量。

生长势和生长量是衡量树木生长强弱的重要指标。

（1）加长生长

新梢的加长生长分为4个时期：

①开始生长期　叶芽萌发后节间伸长，叶小而嫩，含水分多，生长量小，节间短，光合作用弱，依靠贮藏营养生长。

②旺盛生长期　枝条明显伸长，叶片增多，叶面积加大，光合作用加强，生长量加大，节间长，从土壤中吸收大量的水分和矿质元素。由利用贮藏营养转为利用当年的营养。对水分要求高，水分不足时会提早停止生长。

③缓慢生长期　顶端抑制物质的积累使顶端分生组织细胞分裂变慢或停止，细胞的增

大逐渐停止，枝条的节间缩短。

④停止生长期　顶芽形成，枝条生长停止，叶片衰老，光合作用减弱，枝条木质化。

（2）加粗生长

①在年生长周期中，枝条的加粗生长比加长生长稍晚，停止也晚。

②树干、树枝的加粗生长是形成层细胞分裂、分化、增大的结果。

③加长生长与加粗生长的高峰是错开的，加长生长旺盛期，加粗生长较缓慢。

④枝条加粗生长过程中，形成层的活动随季节的变化而变化，使树干横断面形成同心圆环，即树木的年轮。

3.3.5　影响枝条生长的因素

（1）树种特性

不同的树种和品种由于遗传特性不同，枝条的生长强度也不同。如杨树类、柳树类、核桃、悬铃木、白蜡等基本上为长枝；银杏、玉兰、山楂、苹果、桃、榆叶梅、连翘等有长枝和短枝之分。此外，桃中的寿星桃类枝条长度要比直枝桃类枝条长度短得多。

（2）树体内的有机营养

树体贮藏的有机养分对枝条的生长有明显影响。光合作用产生的有机物含量直接影响枝条的生长发育；树体结果的多少对枝条生长也有明显的影响，结果过多时，枝条生长会受到限制。

（3）生长激素

生长素、赤霉素、细胞分裂素刺激枝条生长，脱落酸和乙烯抑制枝条生长。

（4）枝梢的角度

直立的枝条生长势强，斜生、水平和下垂的枝条生长势弱。

（5）环境条件

水分、养分、温度和光照对枝条生长都有影响。

①水分　是枝条生长的主要影响因素。在土壤通气良好的条件下，水分充足时新梢迅速生长；水分充足而养分不足时，枝条生长不充实；缺水时枝条生长减慢。

②养分　氮素对芽的萌发和枝条伸长具有显著的作用；钾素过多抑制枝条生长，促进枝条充实。

③温度　气温高，枝条年生长量大；气温低，枝条年生长量小。

④光照　长日照能促进枝条生长，短日照会降低枝条生长速度和促进芽的形成。

3.4　园林树木芽的类型和生长特性

芽是枝条、叶片和花的原始体。

3.4.1　园林树木芽的类型

（1）根据芽的来源分类

①定芽　在枝条的固定位置产生的芽称为定芽，如顶芽和侧芽。

②不定芽　在主干或根上产生的芽称为不定芽，不定芽萌发能够产生新的枝条。

（2）根据芽在枝条上的着生位置分类

①顶芽　着生在枝条顶端的芽称为顶芽。

②侧芽　着生在枝条叶腋间的芽称为侧芽。

（3）根据芽在叶腋内生长的位置分类

①主芽　生长在叶腋中央最大的芽称为主芽。主芽可以是叶芽、花芽或混合芽。

②副芽　叶腋中除主芽以外的芽称为副芽。主芽受损时，副芽萌发。

（4）根据芽的数量分类

①单芽　一个节只生长一个芽，称为单芽。

②复芽　一个节生长两个或者两个以上的芽，称为复芽。

（5）根据芽的性质分类

①叶芽　萌发后产生枝条和叶片，不能开花的芽，称为叶芽。叶芽一般较瘦小，先端尖，多具毛。

②花芽　萌发后开花的芽为花芽，通常称为纯花芽。如桃、榆叶梅、连翘等的花芽。

③混合芽　萌发后既抽生枝叶，也能开花的芽，称为混合芽。如牡丹、海棠、山楂、核桃等的花芽。

（6）根据芽的萌发情况分类

①活动芽　枝条上在萌发期能及时萌发的芽称为活动芽。

②潜伏芽　芽形成后在第二年或连续多年不萌发，呈休眠状态，这种芽称为潜伏芽或隐芽。潜伏芽受到刺激能够萌发，经常利用潜伏芽来更新树冠。

3.4.2　园林树木芽的生长特性

（1）顶端优势

植物的主茎顶端生长占优势，同时抑制着下面邻近的侧芽生长，使侧芽处于休眠状态的现象称为顶端优势。枝条越直立，顶端优势越明显。

（2）异质性

芽形成的过程中，由于枝条内部营养状况和外界环境条件的不同，着生在同一枝条上不同部位的芽大小和饱满程度存在差异的现象称为芽的异质性。枝条基部的芽质量差，中上部的芽质量较好，顶端的芽质量也较差。

（3）萌芽力

芽萌发的能力称为萌芽力。常用萌芽数占枝条上芽总数的百分数来表示，也称萌芽率。

（4）成枝力

一年生枝条上的芽萌发长成长枝的能力称为成枝力。常用形成长枝的芽数与萌芽数的比计算成枝力，也称为成枝率。

（5）早熟性

芽形成后当年就能萌发的现象称为芽的早熟性。具有早熟性芽的树木萌芽率高，成枝力强，花芽形成和开花较早。

3.5 园林树木叶的功能和生长发育

3.5.1 叶的功能

（1）光合作用

叶是园林树木进行光合作用制造有机物的主要器官，园林树木体内90%的干物质是由叶片合成的。幼叶叶绿素含量低，光合作用能力弱；成熟叶片光合作用能力强；随着叶片衰老，光合作用能力逐渐减弱。常绿树新叶光合作用能力最强。

（2）呼吸作用

叶片吸收利用空气中的O_2，氧化树体内的有机物，为树木生长发育提供能量。

（3）蒸腾作用

园林树木树体内的水分通过叶片的蒸腾作用释放到空气中，促进树体内水分循环，保持树体的新陈代谢，并调节树体温度。

（4）贮藏功能

常绿树的叶片能够贮藏大量的养分，叶片的数量和质量直接关系到树木的正常生长发育。

（5）吸收功能

叶片能吸收水分和少量溶解在水中的矿质元素，通过叶面喷肥可以增加树体的矿质营养。

3.5.2 叶的生长发育过程

叶片由叶原基发育而成。叶原基经过叶片、叶柄和托叶的分化，直到叶片展开和停止生长，就是叶的生长发育过程。

3.5.3 叶片的寿命

落叶树的叶片寿命为5~10个月，春季展叶，秋季脱落。

常绿树的叶片寿命为1~4年。

3.5.4 叶幕

叶片在树冠内的集中分布区称为叶幕，叶幕是树冠叶面积总量的反映。

叶幕随着树龄、树形的变化而产生变化。落叶树木的叶幕在一年内有明显的季节变化。常绿树的叶幕比较稳定，因为常绿树叶片的寿命长。

3.5.5 叶片的养护管理

在园林树木养护管理工作过程中，要注意保护叶片，调节和保持叶片的数量，提高叶片的质量，保证园林树木的正常生长发育。

3.6 园林树木花的生长发育

花芽分化是花芽形成的过程，包括生理分化和形态分化两个阶段。开花就是花芽萌发后花瓣展开到凋落的过程。

3.6.1 园林树木花芽分化的特点

（1）花芽分化的长期性

园林树木花芽分化的时间较长，分期、分批进行分化。南方常绿树木在一年中多次分化花芽，北方落叶树木一般一年分化一次花芽，部分园林树木在生长季节多次分化花芽。

（2）花芽分化的集中性和稳定性

园林树木花芽分化的时期集中且基本稳定。在新梢停止生长和果实成熟后各有一个花芽分化高峰，有些树种在落叶后至萌芽前利用贮藏的营养和适宜的气候条件继续完成花芽分化。

3.6.2 花芽分化临界期

园林树木的芽从叶芽的生理状态向花芽的生理状态转化的时期称为花芽分化临界期，也称为生理分化期。花芽分化临界期是花芽分化的关键时期，在该期采取相应的栽培管理措施可以促进花芽分化。

3.6.3 花芽分化的时间

园林树木的花芽从生理分化到雌蕊形成所需时间因树种而异。苹果需 1.5~4 个月，芦柑约需 0.5 个月，雪柑约需 2 个月，甜橙需 4 个月左右，枣需 5~8d，月季需两周左右。

3.6.4 园林树木花芽分化的类型

（1）夏秋分化型

早春和初夏开花的树木，如海棠、玉兰、桃、榆叶梅、樱花、丁香、连翘、黄刺玫、牡丹、山楂等，在上一年的夏秋季开始花芽分化，经过冬季低温阶段才能正常开花。

（2）冬春分化型

热带和亚热带的树种，如柑橘类，从当年的 12 月开始到第二年的 2 月进行花芽分化，时间短且连续。

（3）当年分化型

在新梢的顶端形成花芽，花芽形成后当年萌发开花，在一个生长季节能够多次形成花芽、多次开花，如月季、棣棠、锦带花、木槿、紫薇、珍珠梅等。

3.6.5 影响园林树木花芽分化的因素

（1）内部因素

①营养物质和生长调节物质　花芽分化需要较多的营养物质，如光合产物、矿质盐类以及各种氨基酸和蛋白质等；花芽分化还需要较多的内源激素，如生长素（IAA）、赤霉素（GA）、细胞分裂素、脱落酸（ABA）和乙烯等。

②营养生长　园林树木新梢在缓慢生长期和停止生长期，消耗营养物质少，积累营养物质多，为花芽分化提供充足的营养物质。花芽的生理分化期与枝条停止生长期呈正相关，摘心和剪梢有利于促进花芽分化。根系的生长发育与花芽分化呈正相关，根系生命活动弱，吸收水分和矿质营养少，蛋白质和细胞分裂素合成受到抑制，就会抑制花芽分化。

③开花结果　开花结果会消耗大量的营养物质，导致新梢生长营养物质不足，抑制新

梢花芽分化。

(2) 外部因素

①光照　对花芽分化产生明显影响。强光照能抑制新梢生长，促进新梢营养物质积累，促进花芽分化。紫外线能抑制新梢生长，促进花芽分化。长日照条件下形成的花芽较多，短日照条件下形成的花芽少。

②温度　30℃以上和20℃以下都会抑制生长素产生，因而抑制新梢生长，促进花芽分化。

③水分　在花芽生理分化期控制土壤水分，有利于光合产物的积累，促进花芽分化。

④矿质营养　氮元素缺乏时会严重影响枝叶生长，抑制花芽分化，施用氮肥可以促进花芽分化。

3.6.6　园林树木的开花习性

(1) 园林树木的开花时间

①不同树种开花时间不同　同一地区的不同树种开花时间不同，不同树种在一年内的开花顺序和开花时期具有稳定性和规律性。北方地区园林树木的开花顺序：银芽柳、毛白杨、白榆、山桃、玉兰、杏、桃、绦柳、紫丁香、紫荆、核桃、牡丹、白蜡、苹果、桑、紫藤、构树、刺槐、苦楝、枣、板栗、合欢、梧桐、木槿、国槐。

②不同品种开花时间不同　同一树种的不同品种开花时间也存在差异，具有一定的顺序性和稳定性。有的园林树木品种较多，分为早花、中花和晚花品种。

③树体不同部位开花时间不同　园林树木树体不同部位的开花时间不同，同一花序上的花芽开花时间也不相同。

可根据开花时间的差异性和稳定性选择配置园林树木，延长观赏时间，增强观花效果。

(2) 园林树木的开花类型

①先花后叶型　春季先开花后抽枝展叶，在春季表现出绝佳的观花效果。如迎春花、连翘、山桃、梅、杏、李、紫荆、玉兰等。

②花叶同放型　春季开花和展叶同时进行，开花时间比先花后叶型稍晚。如丁香、贴梗海棠、文冠果等。

③先叶后花型　在新梢的顶端形成花芽，当年开花，在夏季表现出良好的观花效果，有些花期可延长到晚秋或初冬。如木槿、紫薇、凌霄、国槐、桂花、珍珠梅、月季、锦带花、荆条、天目琼花、栾树、梓树等。

(3) 园林树木的花期

花期就是园林树木从第一朵花开花到最后一朵花凋落所经历的时间。园林树木的花期从1周到数月不等。早春开花的树木，花期较短而开花整齐；夏秋季开花的树木，开花时间不一致，花期较长。青壮年树木比衰老树木的花期长且整齐。树体营养状况好，则花期延续时间长。低温潮湿天气花期较长，高温干旱天气花期较短。

(4) 园林树木的开花次数

大多数园林树木一年开花一次，如碧桃、榆叶梅、海棠、山楂、白榆、洋白蜡、毛白杨等。少数园林树木一年开花多次，如月季、棣棠、珍珠梅、锦带花、木槿等。正常情况下，每年开花一次的园林树木，在一年中再次开花的现象，称为二次开花、再度开花或二度开花，如金钟花、连翘、毛泡桐等。

3.7 园林树木果实生长发育

果实生长发育就是从坐果开始到果实成熟脱落的整个生长过程。

3.7.1 园林树木果实的生长发育时期

（1）坐果期

园林树木开花后出现幼果的时期。

（2）果实生长期

坐果以后果实迅速生长的时期。

（3）果实着色期

果实经过快速生长以后在秋季开始着色的时期。

（4）果实成熟期

果实逐渐表现出成熟果实的颜色和形状特征的时期，称为果实成熟期，又称为果熟期。果实着色是由于叶绿素分解，果实细胞内的类胡萝卜素和黄酮等色素物质增加，使果实呈现出黄色、橙色、红色和紫色等颜色。

果熟期的长短因树种和品种的不同而不同。榆树和柳树的果熟期最短，桑、杏次之；松属第一年春季传粉，第二年春季才能受精，球果成熟期要跨年。

3.7.2 园林树木果实的生长发育规律

果实生长是果实细胞分裂与增大的过程。果实生长的初期以伸长生长为主，后期以横向生长为主。果实生长一般表现为"慢—快—慢"的"S"形曲线，有些果实的生长过程呈双"S"形，即有两个速生期。

3.8 园林树木生长发育的相关性

3.8.1 地上部分与地下部分的相关性

（1）地上部分与地下部分互为提供营养物质和生长调节物质

①根系生长发育所需的营养物质是由叶片光合作用提供的。

②地上部分生长发育所需要的水分和矿质元素是由地下根系提供的。根系合成氨基酸、三磷酸腺苷、磷脂、核苷酸、蛋白质、细胞分裂素等物质，对地上部分的生长极为重要。

（2）地上部分与地下部分干重的比例

园林树木地上部分与地下部分干重的比例，称为冠根比或枝根比。一般冠根比为 3∶1 或 4∶1。

（3）地上部分与地下部分生长时间的相关性

①根系在一年中开始生长发育的时间比枝叶开始生长的时间早。

②在新梢旺盛生长期，根系的生长发育缓慢；在新梢停止生长期，根系的生长发育较快。

③在果实快速生长期，根系的生长发育缓慢；在秋梢停止生长和果实成熟后，根系的生长发育较快。

3.8.2 营养生长与生殖生长的相关性

（1）营养生长为生殖生长提供营养物质

生殖生长需要的营养物质是营养生长供应的，营养生长是生殖生长的基础。

（2）生殖生长与营养生长争夺营养物质

生殖生长表现为花芽分化和开花结果，营养生长表现为树体的生长。园林树木营养生长和生殖生长都需要大量的光合产物，因此营养生长和生殖生长会互相争夺营养。

3.8.3 器官生长发育的相关性

（1）主根生长与侧根生长的相关性

主根的生长抑制侧根的生长。切断主根，刺激侧根生长；切断侧根，促进须根生长。深翻改土可切断粗根，促发吸收根，增强树势。

（2）顶芽萌发与侧芽萌发的相关性

剪除顶芽能够促使侧芽萌发。

（3）枝条生长与叶面积的相关性

枝条生长发育旺盛时，枝条较长，枝量较多，叶片数量多，叶面积大。

（4）果实发育与叶面积的相关性

果实的生长发育依赖叶片合成的有机物，一般叶果比为 20～40∶1 时，果实的大小和产量都能保证。

（5）枝条生长与花芽分化的相关性

随着枝条的生长，叶片增加，叶面积加大，制造的营养物质增多，有利于花芽分化。枝条生长过旺或停止生长过晚，消耗营养物质过多，会抑制花芽分化。

3.9 园林树木生命周期

3.9.1 实生园林树木的生命周期

实生园林树木的生命周期是从合子的产生开始，由合子发育成种子，种子萌发长成幼树，幼树生长发育到最后衰老死亡的过程。

（1）种子期

种子期是从卵细胞受精形成合子到成熟种子萌发前的时期。从卵细胞受精开始到种子发育成熟是种子形成期，从种子发育成熟脱离母体到种子萌芽前处于休眠状态的时期称为种子休眠期。

（2）幼树期

幼树期是从种子萌发到第一次开花所经历的时期。幼树期生长发育较快，离心生长迅速，光合与吸收面积迅速扩大，同化产物积累逐渐增多，为首次开花创造有利条件。幼树期对外界环境的要求较高，抵抗不良环境的能力较弱。幼树期历时几年到几十年。幼树期需要加强树体管理，促进树形形成和花芽分化。

（3）初果期

从第一次开花结果到大量开花结果的时期称为初果期。初果期开花结果数量逐年增加，到最后大量稳定开花结果；树体不断生长达到稳定大小，表现出固有的生物学特征；根系与树冠加速生长，短时间内达到或接近最大营养面积，是离心生长最快的时期，也是从营养生长占优势到营养生长与生殖生长趋于平衡的过渡时期。园林中初果期栽培管理的目的是促进树体结构尽快建成，使树冠尽快达到其最大营养面积，较快地发挥其生态作用和景观作用。

（4）盛果期

盛果期是大量稳定开化结果的时期，树冠达到应有的大小，基本保持稳定，树种特性充分展示，是发挥生态作用和景观作用的最佳时期。盛果期能够大量开花结果，保持旺盛的生长势。盛果期养护管理目的是延长盛果期，发挥最佳作用。

（5）衰老期

从大量稳定开花结果到开花结果逐渐减少，树体逐渐衰老的时期称为衰老期。衰老期后期生长逐渐衰弱直到最后死亡，根系、叶片的吸收和合成能力逐渐减弱，开花结果逐渐减少，树体贮藏的营养物质也越来越少，树体逐渐衰老，抵抗能力降低，容易受到病虫危害。衰老期养护管理的目的是恢复生长势，延长生命周期。

3.9.2　营养繁殖园林树木的生命周期

营养繁殖园林树木的生命周期是从根、枝、叶和芽等营养器官开始，经历幼树期、初果期、盛果期和衰老期 4 个时期，直到最后死亡的过程。用于营养繁殖的根、枝、叶和芽等器官可以看作种子，繁殖器官的采集、处理、保存和育苗时期可以看作营养繁殖园林树木的种子期，营养繁殖园林树木的一生中其他时期的生长发育特点和养护管理方法同实生园林树木。

3.10　园林树木年生长周期

3.10.1　园林树木的物候和物候期

（1）园林树木的物候

园林树木在一年中随季节变化而产生的萌芽、展叶、抽枝、开花、结实、落叶和休眠等现象称为物候。

（2）园林树木的物候期

园林树木在一年中随季节变化有规律地进行萌芽、展叶、抽枝、开花、结果、长根、落叶、休眠等生命活动，在园林绿地中营造规律性的景观变化。园林树木的物候现象持续的时期称为生物气候学时期，简称物候期。园林树木的物候期包括萌芽期、展叶期、枝条生长期、开花期、果实生长期、叶变色期、落叶期和休眠期等。园林树木物候期的变化精确反映园林树木的年生长发育规律。

①园林树木物候的周期性　园林树木的物候现象在一年中随着季节的变化而产生有规律的变化，这种物候现象的规律性变化是以年为周期进行的。

②园林树木物候的可变性　园林树木生长环境的异常变化和栽培管理措施的人为影响会导致园林树木的物候变化规律出现异常，如二次开花或二次生长。物候现象的异常会影响树体营养积累和生长发育，造成第二年生长发育不良。

③园林树木物候的重叠性　园林树木的不同物候现象出现和持续的时间不同，不同物候现象在同一株树体上经常会同时出现。

3.10.2　落叶树的年生长周期

落叶树的年生长周期包括生长期和休眠期两个主要物候期，萌芽期和落叶期是生长期与休眠期这两个主要物候期的过渡物候期。

（1）萌芽期

春季园林树木的芽开始萌动，一直到树木展叶，所经历的生长发育时期为萌芽期。园林树木芽的萌动是休眠期结束、萌芽期开始的标志，而树叶展开是萌芽期结束、生长期开始的标志。

①萌芽期的特点　萌芽前期，园林树木的生命活动微弱，消耗树体储存的营养物质以维持生命活动。到萌芽期结束时生命活动逐渐增强，依靠新叶片光合作用产生的营养物质维持生命活动。

②萌芽期的养护管理　园林树木萌芽期的主要养护管理措施是浇萌动水、整形修剪和移植。

（2）生长期

园林树木从展叶快速生长到秋季叶片开始变色脱落所经历的生长发育时期为生长期。

①生长期的特点　园林树木的生长期持续时间长，生命活动强，主要进行抽枝、展叶、开花、结果和根系生长等生命活动，是园林树木发挥生态作用和景观作用的最好时期。

②生长期的养护管理　园林树木生长期的养护管理措施主要是水分管理、夏季修剪、病虫害防治和追肥。

（3）落叶期

园林树木从秋季叶片变色脱落到叶片全部落完所经历的生长发育时期为落叶期。

①落叶期的特点　落叶期是园林树木从生长期转入休眠期的过渡期。落叶期开始的标志是秋季叶片变色，结束的标志是叶片落完。秋季日照时间变短、气温降低，园林树木的光合作用和呼吸作用逐渐减弱，叶绿素分解，树体养分转移到根系、主干和大枝，最后叶片脱落。

②落叶期的养护管理　园林树木落叶期的养护管理措施主要是控制氮肥和水分，增施磷、钾肥，施基肥和移植。

（4）休眠期

园林树木从叶片落完到第二年芽萌动前的生长发育时期为休眠期。落叶树木只有在冬季低温环境条件下经过一定时间的自然休眠才能在第二年正常萌动和生长发育，如果冬季低温的时间和低温的程度不能达到园林树木自然休眠的要求，园林树木就不能正常通过自然休眠，造成第二年萌动和生长发育不良。落叶树木在通过冬季低温环境条件下的自然休眠后，因外界环境条件不适宜而继续保持休眠状态的现象称为被迫休眠。在外界环境条件适宜芽萌动时，园林树木就开始萌芽。

①休眠期的特点　休眠期是北方园林树木度过严寒冬季的生长发育时期。休眠期树体内部进行微弱的生命活动，树木的抗寒能力最强。

②休眠期的养护管理　园林树木休眠期的养护管理措施主要包括移植、浇冻水、整形修剪、越冬防寒和病虫害防治。

3.10.3　常绿树的年生长周期

（1）常绿树年生长周期特点

常绿树的叶片寿命较长，在一年中不会出现叶片全部落完的时期，老叶的生长和脱落与新叶的产生和生长同时进行，树体的叶片常年存在，树冠常年保持绿色。

（2）常绿树的落叶时间

不同常绿树叶片变色脱落的时间不同，脱落时叶片的叶龄也各不相同。常绿树落叶的时间一般在冬春季或夏秋季，脱落叶片的叶龄一般为 2~10 年。

思考与练习

1. 简述乔木、灌木、藤木和匍地树木的树体结构。
2. 简述园林树木花芽分化的类型。
3. 简述园林树木地上部分与地下部分的相关性。
4. 简述园林树木年生长周期的含义。
5. 简述园林树木生命周期的含义。
6. 简述园林树木物候的含义。
7. 简述园林树木物候期的含义。

实践教学

实践 3-1　园林树木树体调查

【实践目的】

学习和掌握园林树木树体调查的内容和方法，包括乔木、灌木、藤木和匍地树木树体调查的内容和方法。

【工具和材料】

皮尺、钢卷尺、围尺、测高器、笔记本、园林树木树体调查表、笔、文件夹等。

【实践内容】

（1）乔木树体调查

内容包括：主干高度、胸径、冠幅、冠高、枝叶密度、树高和树形等。

（2）灌木树体调查

内容包括：地径、分枝数、树高、冠幅、枝叶密度和树形等。

（3）藤木树体调查

内容包括：地径、蔓数、蔓长、枝叶密度和树形等。

（4）匍地树木树体调查

内容包括：地径、分枝数、树高、树形和枝叶密度等。

【实践安排】

在教师的指导下，学生分组开展园林树木树体调查工作。

（1）教师讲解园林树木树体调查的内容。

（2）教师示范园林树木树体调查的具体方法。

（3）学生以小组为单位完成园林树木树体调查工作，填写园林树木树体调查表，撰写园林树木树体调查报告，并向教师汇报调查过程和结果。

（4）由教师根据调查过程和结果对学生进行考核评价。

【实践结果】

（1）园林树木树体调查报告。

（2）园林树木树体调查表（表 3-1、表 3-2）。

表 3-1　乔木树体调查表

调查时间：＿＿＿＿＿＿＿＿＿＿＿＿＿　　调查地点：＿＿＿＿＿＿＿＿＿＿＿＿

专业：＿＿＿＿＿　班级：＿＿＿＿＿　学号：＿＿＿＿＿＿　姓名：＿＿＿＿＿

序号	树种	胸径	树高	主干高度	南北冠幅	东西冠幅	平均冠幅	冠高	树形	枝叶密度
1										
2										
3										
4										
5										
6										
7										
8										
9										
10										
11										
12										
13										
14										
15										
16										
17										
18										

表 3-2　灌木树体调查表

调查时间：＿＿＿＿＿＿＿＿＿＿＿＿　　调查地点：＿＿＿＿＿＿＿＿＿＿＿＿

专业：＿＿＿＿＿　班级：＿＿＿＿＿　学号：＿＿＿＿＿　姓名：＿＿＿＿＿

序号	树种	地径	树高	分枝数	南北冠幅	东西冠幅	平均冠幅	树形	枝叶密度
1									
2									
3									
4									
5									
6									
7									
8									
9									
10									
11									
12									
13									
14									
15									
16									
17									
18									

实践 3-2　园林树木生长量调查

【实践目的】

学习和掌握园林树木新梢和一年生枝生长量调查的内容和方法。

【工具和材料】

皮尺、钢卷尺、高枝剪、修枝剪、笔记本、笔、文件夹、园林树木新梢生长量调查表、园林树木年生长量调查表等。

【实践内容】

(1)新梢生长量调查

在园林树木的生长期调查新梢的生长量。

(2)年生长量调查

在园林树木的休眠期调查年生长量。

【实践安排】

在教师的指导下，学生分组开展园林树木生长量调查工作。

(1)教师现场讲解和示范园林树木生长量调查的内容和方法。

(2)学生以小组为单位开展园林树木生长量调查工作，填写园林树木生长量调查表，撰写园林树木生长量调查报告。

(3)教师根据调查过程和调查结果对学生进行考核评价。

【实践结果】

(1)园林树木生长量调查报告。

(2)园林树木生长量调查表(表3-3、表3-4)。

表3-3　园林树木新梢生长量调查表

调查时间：_____　　　调查地点：_____

专业：_____　　班级：_____　　学号：_____　　姓名：_____

序号	树种	新梢长度										新梢平均生长量
		1	2	3	4	5	6	7	8	9	10	
1												
2												
3												
4												
5												
6												
7												
8												
9												
10												
11												
12												
13												
14												
15												
16												
17												
18												
19												
20												

表 3-4 园林树木年生长量调查表

调查时间：_____ 调查地点：_____

专业：_____ 班级：_____ 学号：_____ 姓名：_____

序号	树种	一年生枝长度										年平均生长量
		1	2	3	4	5	6	7	8	9	10	
1												
2												
3												
4												
5												
6												
7												
8												
9												
10												
11												
12												
13												
14												
15												
16												
17												
18												
19												
20												

实践 3-3　园林树木物候观测

【实践目的】

学习和掌握园林树木物候观测的内容和方法，进一步了解园林树木的生长发育规律。

【工具和材料】

望远镜、高枝剪、修枝剪、笔记本、笔、文件夹、园林树木物候观测记录表等。

【实践内容】

(1)园林树木萌芽期物候观测

观测并记录园林树木萌芽期物候变化过程，包括芽变软、芽膨大、芽开裂、幼叶伸出、花瓣露出等，掌握不同园林树木萌芽期物候变化规律。

(2)园林树木开花期物候观测

观测并记录园林树木开花期物候变化过程(包括始花期、盛花期、末花期、落花期)，以及花的大小、颜色、数量、气味等物候特征。

(3)园林树木生长期物候观测

观测并记录园林树木生长期物候变化过程，包括展叶、新梢生长、果实生长发育等，掌握不同园林树木生长期物候变化规律。

(4)园林树木落叶期物候观测

观测并记录园林树木落叶期物候变化过程，包括叶变色、叶脱落等物候现象，掌握不同园林树木落叶期开始和结束的时间以及叶色景观效果等规律。

【实践安排】

在教师的指导下，学生分组开展园林树木物候观测。

(1)教师现场讲解和示范园林树木物候观测的内容和方法。

(2)学生以小组为单位完成3~5种园林树木的物候观测任务，填写园林树木物候观测记录表，撰写园林树木物候观测报告。

(3)教师根据调查过程和调查结果对学生进行考核评价。

【实践结果】

(1)园林树木物候观测报告。

(2)园林树木物候观测记录表(表3-5至表3-8)。

表 3-5　园林树木萌芽期物候观测记录表

观测时间: _____　　观测地点: _____　　天气: _____

专业: _____　　班级: _____　　学号: _____　　姓名: _____

序号	树种	物候期			
		芽变软	芽膨大	芽开裂	幼叶伸出
1					
2					
3					
4					
5					
6					
7					
8					
9					
10					
11					
12					
13					
14					
15					
16					
17					
18					
19					
20					

表3-6　园林树木开花期物候观测记录表

观测时间：_____　　观测地点：_____　　天气：_____

专业：_____　　班级：_____　　学号：_____　　姓名：_____

序号	树种	蕾期			花期		
		花芽膨大	花芽开裂	花瓣露出	始花期	盛花期	末花期
1							
2							
3							
4							
5							
6							
7							
8							
9							
10							
11							
12							
13							
14							
15							
16							
17							
18							
19							
20							

表 3-7　园林树木生长期物候观测记录表

观测时间：_____　　观测地点：_____　　天气：_____

专业：_____　　班级：_____　　学号：_____　　姓名：_____

序号	树种	幼叶伸出	幼叶展开	新梢出现期	新梢速长期	新梢慢长期	新梢停长期	坐果期	果实膨大期	果实着色期	果实成熟期	落果期
1												
2												
3												
4												
5												
6												
7												
8												
9												
10												
11												
12												
13												
14												
15												
16												
17												
18												
19												
20												

表 3-8　园林树木落叶期物候观测记录表

观测时间：＿＿＿＿＿＿＿　　观测地点：＿＿＿＿＿＿＿　　天气：＿＿＿＿＿＿＿

专业：＿＿＿＿＿　　班级：＿＿＿＿＿　　学号：＿＿＿＿＿＿　　姓名：＿＿＿＿＿＿

序号	树种	落叶期					
		叶片原色	叶片变色	叶片未落	落叶始期	落叶盛期	落叶末期
1							
2							
3							
4							
5							
6							
7							
8							
9							
10							
11							
12							
13							
14							
15							
16							
17							
18							
19							
20							

园林树木配置

1. 掌握园林树木配置的基本内容。
2. 掌握园林树木配置的原则。
3. 掌握园林树木配置的工作流程。

能力目标

1. 能够制订园林树木配置工作计划。
2. 能够根据栽植地的条件和特点完成园林树木配置工作,包括园林树木配置平面图绘制、园林树木配置说明书撰写和园林树木栽植工程预算。

园林树木配置是在园林树木栽植环境调查的基础上,根据甲方要求、自然环境和绿地类型,为绿地选择树种,确定园林树木的数量、规格和栽植费用等,然后根据树种特性和绿地的类型确定各树种的栽植方式及每一株树木的栽植地点,同时考虑树种之间的搭配,如树体大小、树体形状、开花时间、花的颜色、叶片颜色等。

4.1 园林树木配置原则

(1)适地适树原则

适地适树原则就是按照栽植地的环境条件和树木的特性配置园林树木,保证园林树木能够适应栽植地的自然条件,栽植成活和正常生长发育,发挥良好的生态作用和景观作用。

(2)生态优先原则

优先选择生态作用较强的树木。园林树木的生态作用由强到弱的顺序依次是乔木、灌木、藤木和匍地树木。因此,在绿地中优先配置高大的落叶乔木,其次是常绿乔木、灌木、藤木和匍地树木。

（3）景观特色原则

在按照适地适树和生态优先原则配置园林树木的基础上，充分考虑树种的景观作用，即要求绿地中栽植的每一株树木都要有独特的景观作用，如观树形、观枝、观叶、观花、观果、观芽或观根等。

（4）乔木、灌木、藤木和匍地树木相结合原则

在园林中做到乔木、灌木、藤木和匍地树木相结合，以乔木为主，在选择配置好乔木树种的基础上依次配置灌木、藤木和匍地树木。

（5）落叶树和常绿树相结合原则

绿地中的树种要求落叶树和常绿树相结合，以落叶树为主，常绿树为辅，落叶树与常绿树的数量比例为 6∶4 或 7∶3 较为适宜。落叶树在夏季发挥良好的生态作用和景观作用，常绿树在冬季表现出较好的景观效果。

（6）速生树种和慢生树种相结合原则

在园林树木配置时要考虑绿地景观的近期效果和远期效果，将速生树种和慢生树种相结合，使速生树种在绿地中发挥近期作用，慢生树种在远期可以发挥良好的作用。

（7）乡土树种和外来树种相结合原则

乡土树种能够适应当地的自然条件，发挥良好的生态作用和景观作用。在绿地中应优先配置乡土树种，乡土树种达到总数的 80%~90%，外来树种达到 10%~20%。配置少量的外来树种，可以表现独特的观赏效果，或作为引种试验，增加树种资源。

（8）喜光树种和耐阴树种相结合原则

在绿地中优先选择配置喜光树种，其次考虑耐阴树种，以喜光树种为主，耐阴树种为辅。把喜光树种栽植在光照充足的地域，使其正常生长发育，发挥良好的生态作用和景观作用。在绿地的边角等光照不足的地方可配置耐阴树种。

（9）旱生树种和湿生树种相结合原则

根据土壤和水体分布的具体情况，在地形较高、土壤水分含量较低的地域配置旱生树种，在水体的边缘和土壤含水量较高的地域配置湿生树种。做到旱生树种和湿生树种相结合，以旱生树种和中生树种为主，湿生树种为辅。

（10）树种多样性和景观多样化相结合原则

在同一绿地中尽可能多地使用不同的园林树种，在生态和景观两个方面努力达到多样性和互补性，以营造丰富的景观效果，还可以起到减少病虫害的作用。

4.2 园林树木配置工作内容

4.2.1 自然环境调查

调查绿地的自然环境，包括调查土壤、气候、植被、地形、地貌和土地测量等。土地测量包括高程测量和水平测量，高程测量主要是调查绿地的高程变化规律，结合测量结果绘制绿地地形图；水平测量的目的是调查绿地的土地面积和土地形状，结合测量结果绘制

绿地平面图。

4.2.2 社会环境调查

调查绿地的社会环境，包括行政区划、地理位置、道路交通、风俗习惯等相关内容。

4.2.3 基础设施调查

调查绿地的道路、管线、建筑物、构筑物等基本情况。

4.2.4 甲方意见咨询

积极与甲方沟通，了解甲方对绿地的建设意见和投资预算。

4.2.5 绿地定位

根据绿地建设的基本情况，确定绿地的定位和功能。

4.2.6 树种选择

按照绿地规模、功能、自然环境等基本情况，为绿地选择适宜的树种和品种。既要考虑树种的成活和正常生长发育情况，又要考虑树种的生态作用和景观效果。最后根据绿地的具体情况和树种特性，进一步确定各树种和品种的苗木数量和苗木规格，列出树种和品种名单。

4.2.7 确定栽植方式

根据绿地的具体情况、树种特性和景观要求确定各树种的栽植方式。园林树木的栽植方式一般分为孤植、对植、列植、丛植、群植和林植等。

（1）孤植

在开阔的地域栽植一株高大的乔木作为主景的栽植方式称为孤植。一般选择树体高大、树形美观、无病虫害、无污染的高大乔木进行孤植。

（2）对植

在道路的两边、大门的两侧或者广场的两边对称地栽植同一树种、相同规格的树木称为对植。对植时要求树种、数量、规格、株距和行距都相同，表现对称的景观效果。

（3）列植

在道路的两边或者广场的两边成行或成列地栽植园林树木称为列植。列植时要求每行或每列的树种、数量、规格、株距和行距一致，一般列植乔木和花灌木。

（4）丛植

几株同种或异种树木距离不等地种植在一起形成树丛的栽植方式称为丛植。丛植树木的密度很大，要求做到不见树形，只见造型。

（5）群植

几株到几十株园林树木按照正常的密度成片栽植营造群体景观效果的栽植方式称为群植。一般群植小乔木和花灌木，要求保持树木之间的距离，做到相邻而不相交。

（6）林植

成千上万株园林树木以正常的密度成片栽植营造森林景观的栽植方式称为林植。林植一般使用高大的落叶乔木，要求做到树体互不影响，具有一定的主干高度，营造适宜的林下休闲活动空间。

4.2.8　确定栽植时间、栽植密度、栽植位置和栽植技术

根据选择的树种、数量、规格和栽植方式等内容，安排好各树种的具体栽植时间，同时根据环境条件和树种特性确定各树种的栽植密度、栽植位置和栽植技术，保证栽植工作有序开展和保质、保量完成。

4.2.9　预算栽植费用

依据绿地中配置的树种、数量、规格、价格和栽植技术等编制园林树木栽植费用预算。

4.2.10　编写园林树木配置说明书

在前期工作全部完成的基础上编写园林树木配置说明书，即园林树木规划设计说明书，内容包括：绿地的基本情况、园林树木配置基本情况、园林树木栽植时间和栽植技术、园林树木树种名单、园林树木栽植经费预算、园林树木配置平面图和效果图。

4.3　不同用途园林树木配置

4.3.1　孤赏树的配置

孤赏树又称孤植树、标本树、赏形树或独植树，栽植在开阔地域，树体高大美观，景观独特，具有较强的生态作用和景观作用。孤赏树作为主景，展示个体美，同时提供休憩空间。

孤赏树一般选择树体高大、树干直立、树冠宽阔优美、枝叶密度较大、遮阴效果较好、病虫害较少的乔木树种。北方地区常用的孤赏树有毛白杨、银杏、白榆、旱柳、垂柳、国槐、核桃、法国梧桐、雪松、云杉等。

4.3.2　行道树的配置

行道树是栽植在路边或道路绿化带的高大乔木，起到遮阴和景观作用。

行道树要求主干直立、树冠整齐美观、枝叶密度大、遮阴效果好、主干较高，能够满足车辆和行人在树下通行的要求。常用的树种有法国梧桐、国槐、白榆、七叶树、枫树、喜树、银杏、马褂木、樟树、杨树、柳树、水杉等。行道树的栽植方式多为列植，要求离路边 1m 以上，行距 3~5m，株距 6~10m。行道树与建筑物、路灯、配电箱等要保持一定的距离。

4.3.3　庭荫树的配置

庭荫树栽植在庭院中起到遮阴和观景作用。

在热带和亚热带地区，庭荫树多用常绿树种，在北方地区用落叶树种，在庭院中提供休闲纳凉的树下环境。选用高大乔木，要求树干分枝点高，兼顾观树形、观花、观果、观叶，同时无污染、无毒、无异味、病虫害少。如选择山楂、石榴、苹果、海棠、杏、桃、香椿等，孤植、对植或丛植于庭院，株距为 3~5m，做到树冠不相交，同时与建筑物保持足够距离，方便居民活动，营造开放通透的室外空间。

4.3.4 花灌木的配置

花灌木是用于观赏花朵和花序的灌木和小乔木，要求花形、花色、花量和花香俱佳。

花灌木的选择要考虑花期、花形、花量、花色、花香等因素。花灌木采用孤植、对植、丛植、群植等栽植方式，要求株距3~5m，树冠不相交，营造良好的景观效果。常用的花灌木有丁香、木绣球、棣棠、木槿、紫薇、紫荆、珍珠梅、玫瑰、黄刺玫、连翘、金银木、红叶碧桃、绿叶碧桃、榆叶梅、美人梅、紫叶李、紫叶矮樱、西府海棠、贴梗海棠、日本樱花、玉兰、石榴、天目琼花、迎春花、月季等。

4.3.5 绿篱的配置

绿篱是由灌木或小乔木高密度栽植而成的墙状造型，用于场地分割和景观遮挡。

绿篱一般选用树体较小、萌芽力强、成枝力强、愈伤力强、耐修剪、耐阴、病虫害少的树木。常用的树种有小叶黄杨、小叶女贞、紫叶小檗、金叶女贞、水蜡、龙柏、侧柏、木槿、黄刺玫、胶东卫矛等。栽植的株距和行距为30~50cm。

4.3.6 色块的配置

色块是灌木和小乔木高密度栽植营造的群体造型。

色块一般选用叶色鲜艳、生长缓慢、耐修剪的小灌木，常用紫叶小檗、金叶女贞、胶东卫矛、金叶榆等。色块要求占地面积适宜，构图简洁大气，树种便于栽植和管理，一般为十几到几十平方米，形状为正方形、长方形、圆形、椭圆形、云朵形、卵圆形等。栽植密度为4~9株/m²，株距为30~50cm。

4.3.7 片林的配置

片林是高大乔木按照正常的密度栽植成林，具有很强的生态作用和景观作用，能够提供广阔的林下活动空间和休憩空间。

片林要求选择树体高大、主干直立、树形美观、枝叶密度大、树冠整齐、遮阴效果好、病虫害少的树种。北方地区常用毛白杨、新疆杨、河北杨、国槐、旱柳、泡桐、白榆和白蜡等。也可选用常绿树种林植，在冬季营造景观，如云杉、白皮松、华山松、雪松、圆柏和刺柏等。片林栽植密度要合理，以保证树木的正常生长发育和提供足够的林下空间，一般株距以5~8m为宜。

4.4 不同观赏特征园林树木的配置

4.4.1 观叶树木的配置

观叶树木的选择主要考虑叶片的形状、颜色和颜色的变化。观叶树木的配置应根据叶片色彩进行搭配，采用孤植、对植、列植、丛植、群植和林植等栽植方式，营造良好的观叶效果。观叶树木的生长发育需要良好的光照、温度和水分条件，在选择栽植地点时要充分考虑环境条件能否满足其生长发育要求。

4.4.2 观枝树木的配置

观枝树木一般少量和小范围栽植，起到点景的作用。

观枝树木一般采用孤植、对植、列植、群植、林植等栽植方式，栽植在路边、大门两侧、出入口或广场上，营造独特的景观效果。常用的观枝树木有白皮松、新疆杨、悬铃木、桦树、毛白杨、桉树等。

4.4.3　观树形树木的配置

观赏树形的园林树木一般使用高大美观的乔木，如毛白杨、新疆杨、白榆、旱柳、垂柳、悬铃木、雪松、云杉、白皮松、白蜡、泡桐、圆柏等大乔木，栽植方式以孤植、对植、列植、群植和林植为主，展示高大雄伟的树形，营造雄伟壮观的景观效果。有时使用树形奇特的树木用于观赏，如造型油松、多主干白蜡、龙爪槐、龙爪榆、龙须柳等，一般少量栽植于大门两侧、主出入口、道路两侧作为点景树木，栽植方式为孤植、对植、列植。

思考与练习

1. 园林树木选择配置的原则是什么？
2. 园林树木选择配置的具体方法是什么？

实践教学

实践 4-1　行道树的配置

【实践目的】

学习和掌握行道树配置的工作内容和方法。

【工具和材料】

皮尺、钢卷尺、指南针、手机、笔记本、笔、文件夹、白纸、行道树配置记录表等。

【实践内容】

(1) 道路基本情况调查，包括调查绿化道路的地理位置、功能、走向，道路路面和绿化带的宽度、长度，以及路面和路牙的材质等基本内容，并进一步调查绿化道路所处地域的自然条件和社会经济条件。

(2) 根据道路的基本情况配置绿化树种，确定数量、规格、栽植方式、栽植密度、栽植时间、栽植技术等相关内容。

(3) 绘制行道树配置平面图。

(4) 填写行道树配置记录表。

(5) 编写行道树配置说明书。

【实践安排】

在教师的指导下，学生分组在道路现场开展行道树配置。

(1) 教师讲解行道树配置的工作内容和工作要求。在此基础上，由教师现场示范道路基本情况调查和行道树配置的具体方法。

(2) 学生以小组为单位开展道路基本情况调查，绘制道路平面图。

(3) 学生以小组为单位，在道路基本情况调查的基础上，完成行道树配置工作，包括：分析道路的功能和道路绿化的基本功能，选择行道树树种，确定树种规格、栽植方式、栽植密度、栽植数量和栽植造价。在道路平面图上绘制行道树栽植平面图，填写行道树配置记录表，编写行道树配置说明书。

(4) 每个小组推选代表汇报行道树配置工作结果，展示行道树配置平面图和记录表，回答教师和其他小组同学提出的问题，最后由教师为每个小组评分。

【实践结果】

(1) 行道树配置说明书。

(2) 行道树配置平面图。

(3) 行道树配置记录表(表 4-1)。

表 4-1　行道树配置记录表

时间：_____　　　　地点：_____

专业：_____　班级：_____　学号：_____　姓名：_____

行政区划		地理位置	
道路名称		道路类型	
道路概况			
树种名称		树种编号	
苗木规格		苗木数量	
栽植方式		栽植密度	
栽植时间		栽植费用	
树种特性			
生态作用			
景观作用			
栽植技术			
存在问题			
解决办法			
心得体会			

实践 4-2　花灌木的配置

【实践目的】

学习和掌握园林花灌木配置的工作内容和工作方法。

【工具和材料】

皮尺、钢卷尺、指南针、笔记本、笔、文件夹、白纸、花灌木配置记录表等。

【实践内容】

(1)绿地基本情况调查，包括调查绿地的地理位置、功能、园林要素、地形、土壤、建筑、道路、管线等，并进一步调查绿地所处地域的自然条件和社会经济条件。

(2)根据栽植地的自然条件和社会经济条件配置花灌木，确定花灌木的栽植区域、景观效果、树种、数量、规格、栽植方式、栽植密度、栽植时间、栽植技术等相关内容。

(3)绘制花灌木配置平面图。

(4)填写花灌木配置记录表。

(5)编写花灌木配置说明书。

【实践安排】

在教师的指导下，学生分组在某一绿地开展现场调查和花灌木配置。

(1)教师讲解花灌木配置的工作内容和工作要求。在此基础上，教师现场示范绿地调查和花灌木配置的具体方法。

(2)学生以小组为单位开展绿地基本情况调查，绘制绿地平面图。

(3)学生以小组为单位，在绿地基本情况调查的基础上，完成花灌木配置工作，包括：分析绿地的功能和花灌木的景观效果，选择花灌木树种，确定树种规格、栽植方式、栽植密度、栽植数量和栽植造价。在绿地平面图上绘制花灌木配置平面图，填写花灌木配置记录表，编写花灌木配置说明书。

(4)每个小组推选代表汇报花灌木配置工作结果，展示花灌木配置平面图和记录表，回答教师和其他小组同学提出的问题，最后由教师为每个小组评分。

【实践结果】

(1)花灌木配置说明书。

(2)花灌木配置平面图。

(3)花灌木配置记录表(表 4-2)。

表 4-2 花灌木配置记录表

时间：_____ 　　　　地点：_____

专业：_____　班级：_____　学号：_____　姓名：_____

行政区划		地理位置	
绿地名称		绿地类型	
树种名称		树种编号	
苗木规格		苗木数量	
栽植方式		栽植密度	
栽植时间		栽植费用	
树种特性			
生态作用			
景观作用			
栽植技术			
栽植时间			
存在问题			
解决办法			
心得体会			

实践 4-3　绿篱的配置

【实践目的】

学习和掌握绿篱配置的工作内容和工作方法。

【工具和材料】

皮尺、钢卷尺、指南针、手机、笔记本、笔、文件夹、白纸、绿篱配置记录表。

【实践内容】

(1)绿地基本情况调查，包括调查绿地的地理位置、功能、园林要素、地形、土壤、建筑、道路、管线等基本情况，并进一步调查绿地所处地域的自然条件和社会经济条件。

(2)根据栽植地的自然条件和社会经济条件配置绿篱，确定绿篱栽植区域、景观效果、树种、数量、规格、栽植方式、栽植密度、栽植时间、栽植技术等相关内容。

(3)绘制绿篱配置平面图。

(4)填写绿篱配置记录表。

(5)编写绿篱配置说明书。

【实践安排】

在教师的指导下，学生分组在某一绿地开展现场调查和绿篱配置。

(1)教师讲解绿篱配置的工作内容和工作要求。在此基础上，由教师现场示范绿地调查和绿篱配置的具体方法。

(2)学生以小组为单位开展绿地基本情况调查，绘制绿地平面图。

(3)学生以小组为单位，在绿地基本情况调查的基础上，完成绿篱配置工作，包括：分析绿地的功能和绿篱的景观效果，选择绿篱树种，确定树种规格、栽植方式、栽植密度、栽植数量和栽植造价。在绿地平面图上绘制绿篱配置平面图，填写绿篱配置记录表，编写绿篱配置说明书。

(4)每个小组推选代表汇报绿篱配置工作结果，展示绿篱配置平面图和记录表，回答教师和其他小组同学提出的问题，最后由教师为每个小组评分。

【实践结果】

(1)绿篱配置说明书。

(2)绿篱配置平面图。

(3)绿篱配置记录表(表 4-3)。

表4-3 绿篱配置记录表

时间：_____   地点：_____

专业：_____   班级：_____   学号：_____   姓名：_____

行政区划		地理位置	
绿地名称		绿地类型	
绿篱规格		绿篱面积	
树种名称		树种编号	
苗木规格		苗木数量	
栽植方式		栽植密度	
栽植时间		栽植费用	
树种特性			
生态作用			
景观作用			
栽植技术			
存在问题			
解决办法			
心得体会			

实践4-4　色块树种的配置

【实践目的】

学习和掌握色块树种配置的工作内容和工作方法。

【工具和材料】

皮尺、钢卷尺、指南针、手机、笔记本、笔、文件夹、白纸、色块树种配置记录表。

【实践内容】

(1)绿地基本情况调查,包括调查绿地的地理位置、功能、园林要素、地形、土壤、建筑、道路、管线等基本情况,并进一步调查绿地所处地域的自然条件和社会经济条件。

(2)根据栽植地的自然条件和社会经济条件配置色块树种,确定色块树种的栽植区域、景观效果、树种类型、数量、规格、栽植方式、栽植密度、栽植时间、栽植技术等相关内容。

(3)绘制色块树种配置平面图。

(4)填写色块树种配置记录表。

(5)编写色块树种配置说明书。

【实践安排】

在教师的指导下,学生分组在某一绿地开展现场调查和色块树种配置。

(1)教师讲解色块树种配置的工作内容和工作要求。在此基础上,教师现场示范绿地调查和色块树种配置的具体方法。

(2)学生以小组为单位开展绿地基本情况调查,绘制绿地平面图。

(3)学生以小组为单位,在绿地基本情况调查的基础上,完成色块树种配置工作,包括:分析绿地的功能和色块的景观效果,选择色块树种,确定树种规格、栽植方式、栽植密度、栽植数量和栽植造价,在绿地平面图上绘制色块树种配置平面图,填写色块树种配置记录表,编写色块树种配置说明书。

(4)每个小组推选代表汇报色块树种配置工作结果,展示色块树种配置平面图和记录表,回答教师和其他小组同学提出的问题,最后由教师为每个小组评分。

【实践结果】

(1)色块树种配置说明书。

(2)色块树种配置平面图。

(3)色块树种配置记录表(表4-4)。

表 4-4　色块树种配置记录表

时间：_____　　　　地点：_____

专业：_____　　班级：_____　　学号：_____　　姓名：_____

行政区划		地理位置	
绿地名称		绿地类型	
色块规格		色块面积	
树种名称		树种编号	
苗木规格		苗木数量	
栽植方式		栽植密度	
栽植时间		栽植费用	
树种特性			
生态作用			
景观作用			
栽植技术			
存在问题			
解决办法			
心得体会			

实践 4-5 片林的配置

【实践目的】

学习和掌握片林配置的工作内容和工作方法。

【工具和材料】

皮尺、钢卷尺、指南针、手机、笔记本、笔、文件夹、白纸、片林配置记录表。

【实践内容】

(1)绿地基本情况调查,包括调查绿地的地理位置、功能、园林要素、地形、土壤、建筑、道路、管线等基本情况,并进一步调查绿地所处地域的自然条件和社会经济条件。

(2)根据栽植地的自然条件和社会经济条件配置片林,确定片林的栽植区域、景观效果、树种、数量、规格、栽植方式、栽植密度、栽植时间、栽植技术等相关内容。

(3)绘制片林配置平面图。

(4)填写片林配置记录表。

(5)编写片林配置说明书。

【实践安排】

在教师的指导下,学生分组在某一绿地开展现场调查和片林配置。

(1)教师讲解片林配置的工作内容和工作要求。在此基础上,教师现场示范绿地调查和片林配置的具体方法。

(2)学生以小组为单位开展绿地基本情况调查,绘制绿地平面图。

(3)学生以小组为单位,在绿地基本情况调查的基础上,完成片林配置工作,包括:分析绿地的功能和片林的景观效果,选择片林树种,确定树种规格、栽植方式、栽植密度、栽植数量和栽植造价。在绿地平面图上绘制片林配置平面图,填写片林配置记录表,编写片林配置说明书。

(4)每个小组推选代表汇报片林配置工作结果,展示片林配置平面图和记录表,回答教师和其他小组同学提出的问题,最后由教师为每个小组评分。

【实践结果】

(1)片林配置说明书。

(2)片林配置平面图。

(3)片林配置记录表(表 4-5)。

表4-5　片林配置记录表

时间：＿＿＿＿＿＿＿＿＿＿＿＿＿＿＿＿　　地点：＿＿＿＿＿＿＿＿＿＿＿＿＿＿＿＿

专业：＿＿＿＿＿＿＿　　班级：＿＿＿＿＿＿＿　　学号：＿＿＿＿＿＿＿　　姓名：＿＿＿＿＿＿＿

行政区划		地理位置	
绿地名称		绿地类型	
片林面积		片林位置	
树种名称		树种编号	
苗木规格		苗木数量	
栽植方式		栽植密度	
栽植时间		栽植费用	
树种特性			
生态作用			
景观作用			
栽植技术			
存在问题			
解决办法			
心得体会			

园林树木栽植

1. 了解园林树木栽植的概念。
2. 掌握园林树木死亡的原因。
3. 掌握园林树木栽植成活的原理和栽植的具体方法。
4. 掌握园林树木成活检查和补植的方法。

1. 能够进行园林树木栽植前的准备工作。
2. 能够进行园林树木栽植。
3. 能够进行园林树木成活检查和补植。

5.1 园林树木栽植相关概念

园林树木栽植就是依据园林树木种植设计，完成苗木选购、苗木挖掘、苗木包装、苗木运输、苗木装卸、苗木储存、苗木处理和苗木栽植等工作，把园林树木栽植到选定的地点，保证其成活和正常生长发育的工作过程。

（1）苗木选购

苗木选购是按照绿地规划设计的要求在苗圃中选择并购买适宜的园林苗木的工作过程。

（2）苗木挖掘

苗木挖掘是按照绿地规划设计的要求将选择好的园林苗木从生长地带根挖掘出来的工作过程。

（3）苗木包装

苗木包装是对苗木的根系和树体进行适当的包装，以避免苗木的根系和树体在运输和栽植过程中受到损伤的工作过程。

（4）苗木运输

苗木运输是将苗木从生产地点运输到栽植地点的工作过程。

（5）苗木装卸

苗木装卸是苗木装车和苗木卸车的工作过程。

（6）苗木处理

苗木处理是在苗木栽植前对苗木的根系和枝叶进行修剪并将苗木的根系泡水或者蘸泥浆的工作过程。

（7）苗木假植

园林苗木在起苗或者出圃后如果不能及时栽植，为了保持苗木的生活力，在栽植前把苗木的根系埋入湿润的土壤中或者把根系泡入水中，防止苗木失水死亡的工作过程称为假植。

（8）苗木寄植

为了长时间保持苗木的生活力，把运输回来的园林苗木栽植在一定的地域或者容器中保存苗木的方法称为寄植。园林苗木寄植的时间比假植的时间长，因此寄植的技术要求也比假植高。一般是在早春树木萌芽之前挖掘和运输苗木，然后将苗木寄植在施工现场附近的土地中进行集中管理。

（9）苗木移植

园林苗木栽植在一个地方经过一段时间的生长发育以后，挖掘到另外的地方种植，这种苗木栽植方法称为移植。

（10）苗木定植

按照绿地规划设计要求把园林树木栽植在特定的位置，保证园林树木成活和正常生长发育，这种苗木栽植方法称为定植。

5.2 园林树木栽植时间

5.2.1 春季栽植

春季是园林树木栽植的适宜时间。春季气温回升，土壤解冻，树木萌芽，根系开始活动，生命活动较弱，栽植成活容易。春季园林树木由休眠期向生长期过渡，树体积累大量的营养物质，生命活动逐渐加快，此时栽植利于苗木的成活和正常生长发育。

春季栽植的具体时间是在土壤解冻后，园林树木萌芽前或萌芽时。要根据园林树木的生物学特征安排栽植时间，早萌芽的树种早栽植，晚萌芽的树种晚栽植。

5.2.2 夏季栽植

夏季是园林树木栽植最困难的季节。夏季气温高，园林树木的生命活动旺盛，根系的吸收作用及叶片的光合作用、呼吸作用和蒸腾作用强，此时栽植会对园林树木的生命活动造成严重影响，导致园林树木生长发育不良甚至死亡。

夏季栽植要注意减少树体损伤和对树木生命活动的影响。夏季栽植技术包括带大土球、使用容器苗、树体遮阴、树冠喷水、修剪枝叶、使用蒸腾抑制剂、使用生根物质等。夏季栽植技术复杂，成活率较低，成活后生长差，栽植和养护成本高，一般不在夏季栽植树木。

5.2.3 秋季栽植

秋季是园林树木栽植的适宜时间，在春季干旱和风沙大的地区，以秋季栽植为宜。秋季气温下降，叶片变色脱落，树体内积累大量营养物质，园林树木的生长发育由快转慢，向休眠期过渡，栽植后根系能继续生长，有利于树木的成活和来年的生长发育。

秋季栽植的具体时间是从园林树木叶片变色开始到土壤冻结前。萌芽早的花灌木适宜在秋季栽植，有利于正常萌芽和开花。需要注意的是，在冬季极寒和干旱的地区，不宜在秋季栽植，要在春季栽植，以避开寒冬。

5.2.4 冬季栽植

冬季是园林树木栽植成活容易的季节。南方地区冬季气温较高、土壤不冻结，可以冬季栽植。此时树木休眠，生命活动微弱，储存大量营养物质，栽植对树体和树木的生命活动影响最小，容易成活。冬季一般栽植落叶树种和耐寒树种。冬季栽植可以提高栽植成活率，节约春季栽植的时间，有利于树木来年萌芽生长。

冬季天寒地冻，栽植操作困难，一般使用机械起苗和挖掘栽植坑，栽植后浇水将树木冻在土壤中。

5.3 园林树木栽植前准备工作

5.3.1 掌握园林树木栽植工程概况

（1）工程基本情况

掌握园林树木的种类、数量、规格、价格、栽植方式、栽植密度、栽植时间、栽植技术、苗木来源、栽植平面图等具体内容。

（2）相关工程内容

掌握园林树木栽植工作相关的工程内容，如土方工程、道路工程、给排水工程等相关内容，统筹安排栽植工作。

（3）施工工期

掌握园林绿地建设总体施工工期和园林树木栽植施工工期，编制园林树木栽植工作进度表，保证园林树木栽植工作按时施工。

（4）工程预算

了解园林树木栽植工程预算，制订园林树木栽植经费使用计划，保证经费使用的规范和节约。

5.3.2 园林树木栽植现场调查

（1）栽植现场基本情况调查

实地调查栽植现场的地形、地貌、地理位置、道路交通、绿地面积、土壤状况、气候、水源、水质、地下水位、建筑物、构筑物、地下管线和空中线路等基本情况。

（2）栽植现场工作条件调查

现场调查园林树木栽植的工作条件，如道路交通、电源、生活基础设施、施工基础设施、施工工具、车辆和机械等基本情况。

5.3.3 编制园林树木栽植工作方案

①明确园林树木栽植工作组织机构和项目负责人。

②明确园林树木栽植工作程序并编制施工进度表。

③制订园林树木栽植工作经费预算和支出计划。

④明确园林树木栽植工作劳动定额。

⑤明确园林树木栽植工作施工机械并编制车辆使用计划及进度表。

⑥编制园林树木栽植工作材料、工具使用计划及使用进度表。

⑦制订园林树木栽植工作安全措施、质量保障措施。

⑧绘制园林树木栽植工作平面图，标出苗木的运输路线、假植地点、栽植地点，施工材料和车辆存放地点，以及灌溉系统和设备安装的具体位置等。

5.3.4 园林树木栽植现场清理

清理园林树木栽植工作现场，拆除建筑物和构筑物，清理垃圾和废弃物，对现有的园林树木进行移植或保护，铺设栽植施工道路，进行土地整理。

5.3.5 园林苗木定购

对当地的苗木市场进行详细调查和分析，现场查看和选定苗木，签定购苗合同，明确购买苗木的树种、品种、规格、数量、价格、供苗时间以及苗木挖掘、包装、运输、检疫等具体事宜，并明确付款金额、方式、时间等内容，依据合同进行苗木采购。

苗木选购的标准如下：

①苗木生长发育良好，无病虫害，无损伤；根系范围广，密度大，侧根和须根多；枝条充实，木质化程度高，数量较多，均匀分布。

②苗木树形整齐美观，规格达到园林绿地规划设计要求。

③优先选择苗圃中多次移植的苗木　这些苗木主根被切断，侧根和须根发达，能够带好土球。

④根据园林用途选择苗木　行道树要求树干通直、主干高度适宜，树冠丰满紧凑，树形美观；庭荫树要求主干高度适宜、树冠开阔、枝叶密度大、遮阴效果好；孤赏树要求树体高大、树冠宽阔、树形美观；绿篱要求生长良好、分枝点低、分枝多、枝叶密度大、树冠一致。

⑤优先选用本地苗圃的苗木　本地苗木的生长环境与栽植地相同或相近，容易成活并且能够尽快恢复生长，表现良好的生态作用和景观作用。同时可以缩短运输距离和时间，降低成本，还可以做到随起、随运、随栽，减少苗木损伤和避免病虫害传播。

⑥避免使用山地野生苗木　山地野生苗木生长环境不一，树体差异较大，且起苗时根系损伤严重。虽然造价较低，但栽植成活率低，成活以后绿化效果较差。

⑦优先选择苗龄较小的苗木　苗龄较小的苗木根系范围较小，容易带吸收根，起苗时

根系损伤较小，恢复生长快，环境适应能力较强，成活率高。

⑧优先选择容器苗　容器苗栽植在容器中，移植容易，根系损伤小，成活率高，且没有缓苗期，能够快速表现绿化效果。

5.4 园林树木栽植施工

5.4.1 定点放线

定点放线就是根据园林树木栽植平面图，在园林绿地中标出园林树木栽植的具体位置。常用的定点放线方法如下：

(1)纵横坐标法定点放线

在施工现场的地面画出纵横坐标系，按照园林树木栽植平面图在地面标出园林树木的具体栽植位置。

(2)网格法定点放线

在园林树木栽植平面图上绘制等距离正方形网格，在施工现场按照图纸的比例尺在地面标出相对应的正方形网格，根据园林树木在网格中的位置确定园林树木的具体栽植位置。网格法定点放线比较精确，适于在地形平坦的大型园林绿地中定点放线。

(3)两点交会法定点放线

在施工现场找出两个参照点，在两个参照点间画一条直线，测量直线的长度，然后根据图纸上直线附近园林树木的具体位置在地面标出树木的栽植地点。两点交汇法适用于绿地面积较小、地面参照物较多且明显、园林树木配置较为简单的园林绿地。

(4)使用仪器定点放线

在面积较大的园林绿地中使用罗盘仪、水准仪、经纬仪和全站仪等测量仪器定点放线，可以极大提高工作效率和精确度。

5.4.2 栽植坑和栽植沟挖掘与回填

(1)栽植坑(沟)的规格

栽植坑和栽植沟的大小根据园林树木的生长发育特性和苗木规格确定，要保证苗木根系舒展，栽植后能够生长发育良好。栽植坑的半径要大于土球半径20~30cm，栽植坑的深度要大于土球高度30~50cm。绿篱和色块则挖掘栽植沟，沟宽要大于绿篱和色块栽植范围20~30cm，沟深为50~60cm。

(2)栽植坑(沟)挖掘

确认园林树木栽植点，搞清楚地下管道分布情况，以栽植点为圆心，按照栽植坑(沟)的规格进行挖掘，要求四壁垂直、坑底水平、表土和底土分别堆放、杂物清除。杂质过多或土质太差时，要扩大栽植坑(沟)的规格，栽植时换土，以利于园林树木栽植成活和生长发育。挖掘完成后，进行现场验收，核对栽植坑(沟)的位置、数量和质量，位置不准确、规格不达标的栽植坑(沟)，按照要求进行整改。

（3）栽植坑（沟）回填

栽植坑（沟）验收合格后，用表土与腐熟的农家肥混合均匀进行回填，回填深度为栽植坑（沟）深度的一半，回填时踩实或者回填后浇水、踏实。

5.4.3　起苗

（1）起苗前的准备工作

①树冠处理　对主枝较低的常绿针叶树，使用草绳等材料绑扎树冠，缩小冠幅，落叶树则修剪树冠，以便于挖掘、包装和运输。

②苗木灌水　干旱的苗圃，起苗前 3～5d 灌水，保证苗木吸足水分，并保持土壤松软，以利于起苗，减少根系损伤。

③苗木排水　土壤过湿的苗圃，起苗前进行排水，降低土壤含水量，以便于苗木挖掘。

④包装和运输准备　起苗前做好材料、人员、机械和车辆准备，起苗后及时包装和运输。

（2）裸根起苗

裸根起苗操作简单，成本较低，但根系损伤较大，缓苗期较长，栽植成活率低于带土球苗木，且生长发育缓慢。适用于胸径 8～10cm 的落叶乔木和大部分灌木、藤木。乔木根幅要求达到胸径的 8～12 倍，灌木根幅达到树高的 1/3，深度达到根系主要分布层以下（一般为 60～90cm）。苗木根系要避免太阳照射，起苗后埋土或包装保湿，保持根系水分。

（3）带土球起苗

苗木根系带土球挖出，根系损伤小、失水少、吸收根多，有利于苗木的栽植成活和生长发育，但挖掘难度大、成本高。普通的较大常绿树种、落叶乔木和珍贵树种栽植，以及其他树种夏季栽植时，要求带土球起苗。乔木的土球直径是胸径的 8～10 倍，土球高度是土球直径的 4/5 左右；灌木的土球直径为冠幅的 1/3～1/2。

①土球挖掘　将苗木的树冠捆扎好，去除表土，注意不伤及表面根系。以树干为中心，在地面画出土球范围，然后垂直向下挖掘，挖掘深度要大于土球的高度，挖到所需深度后向内掏底，切断露出的根系。保持根系伤口平滑，较大伤口要消毒防腐。

②土球包装　直径小于 20cm 的土球，把土球抱到坑外包装；直径大于 50cm 的土球，在坑中包装土球，然后抬起或吊起苗木。

5.4.4　苗木运输

①起苗后按照随起、随运、随植的原则，尽快包装、运输到栽植地点。

②装车前核对苗木的种类、数量、规格和质量。

③在车厢内铺设垫层，用于保护树体。

④将苗木摆放整齐，保护好土球和树体。

⑤苗木运输到栽植地点后，马上组织卸车、栽植或假植。

5.4.5　苗木假植

假植是把苗木的根系埋入土中或浸泡在水中，以保护根系，保持苗木的生活力。

埋土假植一般采用开沟的方法，把苗木的根系全部埋入土中，不损伤根系和地上部分。埋土后马上灌足水,保证根系吸收足够的水分。

浸泡根系是对树体较小的苗木或栽植地旁边有河流或湖泊时采用的假植方法,以保持苗木生活力。树体较小的苗木浸泡在容器中假植时,需要每天换水。

5.4.6 苗木修剪

（1）苗木修剪的目的

在苗木栽植前剪去部分枝叶,以减小蒸腾面积,保持树体水分代谢平衡,促进苗木的成活和尽快恢复生长;苗木栽植前适当修剪根系,剪短过长根,剪去伤病根,缩小根幅,有利于栽植时根系舒展和均匀分布,促进苗木成活和恢复生长。

（2）苗木地上部分修剪的方法

栽植前适当修剪苗木的地上部分。顶端优势较强的树木要保护顶芽。干性明显的高大乔木适当疏枝保持树形,主、侧枝适当短截或回缩;干性较弱的落叶乔木适当疏枝保持树形;常绿针叶苗木轻微修剪,保持树形和主干高度。花灌木和藤木适当重剪,保证栽植成活;绿篱和色块树木栽植前修剪根系,栽植后对树体进行修剪造型;行道树栽植时进行修剪,保证枝下高度。

（3）苗木根系修剪的方法

剪短过长根,剪去根系损伤部分,剪去病虫害部分,把伤口剪齐。

5.4.7 苗木栽植

（1）园林树木常规栽植方法

①栽植人员2~5人为一组,组内分工明确,配合完成栽植工作。

②栽植前进行栽植技术培训,在掌握栽植技术以后进行栽植工作。

③做好栽植工作的工具、材料、车辆、机械和水源等准备工作。

④按照栽植方案把苗木摆放到栽植坑边。

⑤根据根幅和土球大小调整回填深度,保证栽植深度适宜。

⑥裸根苗栽植时,回填土表面堆成圆球形,苗木根系放在圆球形土堆上面,要求根系舒展。用疏松土壤覆盖根系,然后将苗木上提3~5cm,使根系更加舒展、踩实、埋土,再踩实。苗木栽植深度以埋土到原埋土处为宜(在根系上方埋土3~5cm)。带土球栽植时,把回填土踩实或浇水踏实,把土球放入栽植坑正中,去掉土球包裹物,在土球的四周填入疏松的土壤,边埋土边踩实。注意不能踩踏土球,避免土球破损。栽植高大苗木时,必须立支架固定树体,保证树体不倾斜、不倒伏。所立支架要牢固结实,不伤树体。栽植绿篱和色块时要挖沟或挖槽,回填土表面平整,从沟的一边开始栽植,去掉根系包裹物,保持苗木的株行距,成排栽植,栽植完一排再栽植第二排,保证栽植质量。大型色块栽植要按照设计要求分区域栽植。

⑦去掉树冠的包扎物,让树冠恢复自然树形。

⑧整理地面,修筑树池。树池要大于栽植坑,一般为圆环形,高度为20~30cm,要求池堰水平、结实。

⑨栽植后马上浇足水,浇水时灌满树池。

（2）园林树木反季节栽植方法

反季节栽植是在夏季苗木生命活动旺盛期进行栽植，难度较大，具体要求如下：

①起苗时带大土球，保护好根系，多带须根，减少根系损伤，保持根系的吸收能力，以利于苗木成活和恢复生长。

②剪去苗木枝叶的 1/3~1/2，在保证光合作用、呼吸作用和蒸腾作用的基础上，减小蒸腾面积，减少水分消耗，保持水分代谢平衡，以利于苗木成活。

③做好栽植前的准备工作，合理安排栽植工作，做到随起苗、随运苗、随栽植，缩短栽植时间，以利于苗木成活。

④栽植后马上灌水，保证苗木根系与土壤紧密接触和充分吸收水分。

⑤遮阴和喷水降温，提高苗木成活率。

⑥尽可能使用容器苗栽植，保证苗木成活率。

⑦使用土壤保水剂、蒸腾抑制剂和生长调节剂，提高苗木成活率。

（3）园林树木栽植的注意事项

①保证苗木种类、数量、规格和栽植时间正确。

②拆除土球的包裹物时，避免土球破损。

③保证苗木栽植位置正确。

④栽植过程中不损伤树体。

⑤保证栽植埋土深度适宜。

⑥保证苗木根系舒展和均匀分布。

⑦栽植后马上灌足水（高大苗木栽植时要立好支架再修树池浇水），保证苗木根系及时充分吸收水分。

5.4.8 栽植后的养护管理

（1）水分管理

①第一次浇水后 3~5d 浇第二次水，第二次浇水后 8~10d 浇第三次水，第三次浇水后干旱时再浇水。每一次浇水都要浇透。

②浇水工作要专人负责，做好记录。

③要避免浇水过度导致苗木生长发育不良甚至死亡。

（2）整形修剪

栽植后对树体进行修剪，剪去损伤部分，保持基本树形。绿篱和色块栽植后重剪造型。

（3）树盘覆盖

浇水后覆盖树盘，使用表土、秸秆和腐叶土等覆盖树盘，以减少土壤水分蒸发，保持土壤含水量，降低土壤温度，利于苗木的成活和生长。

（4）病虫害防治

专人负责病虫害防治工作，每天观察病虫害情况，发现病虫害要及时进行防治。

（5）越冬防寒

北方严寒地区要做好苗木的越冬防寒工作，如树干涂白、浇冻水、树体包裹、树体埋土、搭防风障等。

5.4.9 园林树木栽植工程检查验收

（1）验收时间

园林树木栽植工程完工后 3~6 个月，对园林树木栽植工作进行检查验收。

（2）验收内容

验收内容包括：园林树木的树种、品种、数量、规格、栽植措施、成活率、生长状况和养护管理措施等。

5.5 园林树木栽植死亡的原因

5.5.1 树体损伤

苗木挖掘的过程中，根系受到不同程度的损伤，导致根系吸收水分和矿质元素的能力下降甚至丧失，苗木移植后根系不能及时吸收水分和矿质元素，造成园林树木生长发育不良甚至死亡。

5.5.2 树体失水

在移植过程中树体水分过多散失，导致苗木移植后生长发育不良甚至死亡。

5.5.3 环境不适

园林树木配置工作失误，导致园林树木不能适应栽植地的生长环境，造成园林树木生长发育不良甚至死亡。

5.6 园林树木栽植工作要点

5.6.1 减少树体损伤

起苗时，保护好苗木的根系，减少根系损伤，同时要保护好苗木的枝干。带大土球、使用容器苗和树体包装是保护树体的有效措施。

5.6.2 保持树体水分

树体失水是导致园林树木栽植死亡的主要原因，在栽植过程中要尽量保持树体水分。

（1）起苗前灌水

起苗前 3~5d 为苗木灌足水，保证苗木能够吸收大量的水分，同时保持土壤湿润，以便于挖掘。

（2）缩短栽植时间

合理安排苗木栽植工作，尽量缩短苗木挖掘、包装、运输、假植和栽植时间，可以减少苗木树体失水，保证苗木栽植成活。

（3）树体包装保湿

运输时做好苗木包装，运输过程中给树体喷水保湿。

（4）栽植后及时灌水

苗木栽植前准备好灌溉用水，栽植后第一时间灌足水，使苗木的根系与土壤紧密接触，保证水分供应，促进根系尽快恢复生长。

（5）修剪枝叶

栽植时适量修剪枝叶，可以减小蒸腾面积，降低树体水分消耗，有利于调节树体水分代谢平衡，保证栽植成活和促使恢复生长。

5.6.3 选择适宜树种

根据栽植地的自然环境条件和园林树木的生态学特性选择配置树种，做到园林树木的生态学特性与栽植地的自然环境条件相一致，是园林树木栽植成活和正常生长发育的根本保证。

5.7 园林树木成活期的养护管理

成活期养护管理是园林树木栽植成活和尽快恢复生长的重要措施，科学的养护管理能够缩短园林树木栽植缓苗期，提高栽植成活率，促进园林树木尽快恢复生长发育。

5.7.1 水分管理

（1）浇水

苗木栽植后浇3次水，保证栽植成活。根据土壤含水量管理土壤水分，保证土壤水分含量有利于苗木根系生长。

（2）排水

浇水过度和降水过多会造成土壤含水量过高，严重影响苗木根系的生长发育和吸收，造成苗木生长发育不良甚至死亡。因此要避免过度浇水，在雨季及时排水，保持适宜的土壤含水量，保证苗木的成活和生长。

5.7.2 土壤管理

土壤管理的目的是为园林树木的根系提供适宜的生长环境。土壤管理的内容包括土壤的水分、温度、矿物质、微量元素、有机物、酸碱度、通透性、微生物等。土壤管理的方法有土壤检测、浇水、排水、施肥、深翻、换土、垫土等。

5.7.3 病虫害防治

苗木栽植成活后生长发育较弱，容易感染病虫害，在养护管理工作中要做好病虫害防治工作。病虫害防治的具体方法是专人负责、每天检查、及时处理。

5.7.4 整形修剪

苗木栽植成活后整形修剪能够促进营养生长、抑制生殖生长、培养树形、扩大树冠、清除损伤和病虫害枝条，还能够促进光合作用、呼吸作用和蒸腾作用。

5.7.5 苗木补植

若栽植后苗木没有成活，应调查分析苗木死亡的原因，制订补植计划，在秋季或第二年春季按照原树种、品种、数量和规格进行补植。

5.8 园林树木容器栽植

5.8.1 容器栽植的特点

（1）方便移动

容器栽植的树木可以随时移动、随地摆放，在不适合栽植树木的室内和室外空间实施绿化，发挥生态作用和独特的景观效果。

（2）可异地栽植苗木

在北方寒冷地区利用容器栽植热带、亚热带树种，温暖季节摆放在室外，冬季移到温室内，在北方呈现南方的特色景观。

5.8.2 栽植容器

栽植容器常用陶瓷、木材、塑料、不锈钢或玻璃钢容器等，容器的宽度和深度要满足园林树木根系生长需求。

5.8.3 栽培基质

（1）基质种类

容器栽植常用疏松、肥沃、透气、保水和较轻的人工基质。

①有机基质　常用有机基质有锯末、稻壳、泥炭、椰糠、腐熟堆肥、塘泥等。锯末的成本较低、重量较轻，选择中等细度的锯末，腐熟后使用更佳。泥炭分为泥炭藓、芦苇苔草和泥炭腐殖质，泥炭藓持水量为普通栽培基质的 10 倍，pH 为 3.8~4.5，含氮量为 1%~2%，是良好的栽培基质。

②无机基质　常用无机基质有蛭石、珍珠岩、沸石等。蛭石持水性强而透气性差，珍珠岩结构坚固、通气性好而保水性差，沸石保肥能力强。无机基质都要与有机基质混合使用。

（2）基质配制

有机基质的养分含量较高而保水性较差，无机基质的保水性和透气性良好而养分含量较低。因此，容器栽植基质一般使用富含有机质的泥炭与轻质保水的珍珠岩、蛭石等按照一定比例混合配制。

5.8.4 树种选择

容器栽植选用树形优美、观赏性强、富有特色、生长较慢、根系分布浅、耐旱性较强的树种。常用乔木有圆柏、云杉、白皮松、华山松、雪松、五针松、柳杉、银杏、肉桂、榕树和红花檵木等；常用灌木有杜鹃花、桂花、月季、山茶、红瑞木、榆叶梅、栀子等；常用匍地树木有铺地柏等。

5.8.5 成活期的养护管理

（1）水分管理

调控基质含水量，保证苗木水分供应充足。根据苗木生长发育状况浇水，也可以在基质中埋设水分传感器，实时监测基质含水量变化，及时浇水。常用管灌和滴灌的方法浇水。

（2）整形修剪

容器栽植对树形的要求较高，要经常整形修剪，保持树形，保证美观性和安全性。

（3）施肥

栽植容器体积较小，栽培基质有限，不能满足园林树木长期生长发育对矿质元素和水分的需求。因此，除灌水外，施肥也是容器栽植养护管理的重要任务。结合灌溉进行施肥，是容器栽植的主要施肥方法。叶面喷肥可以在短时间内补充园林树木所需的矿质元素，是简单易行、作用明显的施肥方法。

（4）病虫害防治

容器栽植的园林树木摆放在特殊的环境中，具有独特的观赏价值，要注意病虫害防治，保证观赏效果。

（5）越冬防寒

露天环境中摆放的容器栽植的园林树木，在冬季要移到温室内越冬。

思考与练习

1. 简述园林树木栽植死亡的原因。
2. 简述园林树木栽植成活的要点。
3. 简述园林树木栽植的具体内容。
4. 简述园林苗木选择的基本要求。
5. 简述园林树木栽植工作流程。
6. 简述园林树木栽植技术要点。
7. 简述园林树木反季节栽植技术要点。

实践教学

实践 5-1　园林树木裸根栽植

【实践目的】

学习和掌握园林树木裸根栽植的工作内容和工作方法。

【工具和材料】

铁锹、镐头、皮尺、钢卷尺、修枝剪、笔记本、笔、文件夹、园林树木裸根栽植记录表、园林树木栽植平面图。

【实践内容】

(1)定点放线

根据绿地规划设计平面图,在地面标出园林树木栽植的具体位置(可以分为栽植点和栽植范围两种形式)。

(2)栽植坑挖掘

按照绿地规划设计要求,在园林树木栽植点挖掘栽植坑,要求栽植坑位置准确、四壁垂直、坑底水平、表土与底土分别堆放。

(3)栽植坑回填

在栽植坑挖掘工作完成以后,经教师验收合格,进行栽植坑回填。将表土和肥料混匀回填到坑底,回填至离地面 20~30cm,要求边回填边踩实。

(4)裸根苗挖掘

在栽植坑回填工作完成以后,经教师验收合格,按照要求进行园林树木裸根起苗。

(5)裸根苗运输

将挖掘好的裸根苗安全运输到栽植地点,保证树体完好。

(6)裸根苗处理

对运输到栽植地点的裸根苗进行修剪和根系泡水。

(7)裸根苗栽植

将处理好的裸根苗在栽植坑中进行栽植。

(8)栽植成活期养护管理

栽植工作完成以后,进行浇水等养护管理。

【实践安排】

在教师的指导下,学生分组在某一绿地完成园林树木裸根栽植。

(1)教师讲解园林树木裸根栽植的工作内容、工作要求和工作方法。

(2)学生以小组为单位开展园林树木裸根栽植工作。工作内容包括:定点放线、栽植坑挖掘、栽植坑回填、裸根苗挖掘、裸根苗运输、裸根苗处理、裸根苗栽植、栽植成活期养护管理等。

(3)在完成园林树木裸根栽植工作的基础上,教师组织学生对园林树木裸根栽植工作进行总结交流,解答学生提出的疑问,最后学生填写园林树木裸根栽植记录表,撰写园林树木裸根栽植报告。

(4)每个小组汇报园林树木裸根栽植工作结果，教师在现场点评各小组工作情况，找出存在的问题，提出改正的办法，指导小组成员进行现场整改。最后由教师为每个小组进行评分。

【实践结果】

(1)裸根栽植的园林树木。

(2)园林树木裸根栽植记录表(表5-1)。

(3)园林树木裸根栽植报告。

表 5-1 园林树木裸根栽植记录表

栽植时间：_____ 栽植地点：_____

专业：_____ 班级：_____ 学号：_____ 姓名：_____

行政区划		地理位置	
绿地名称		绿地类型	
树种名称		园林用途	
栽植方式		根系规格	
定点放线			
栽植坑挖掘			
栽植坑回填			
苗木处理			
苗木栽植			
栽植后浇水			
栽植工作要点			
存在问题			
解决办法			
心得体会			

实践 5-2 园林树木带土球栽植

【实践目的】

学习和掌握园林树木带土球栽植的工作内容和工作方法。

【工具和材料】

铁锹、镐头、皮尺、钢卷尺、修枝剪、无纺布、尼龙绳、笔记本、笔、文件夹、园林树木带土球栽植记录表、园林树木栽植平面图。

【实践内容】

(1)定点放线

根据绿地规划设计平面图,在地面标出园林树木栽植的具体位置(可以分为栽植点和栽植范围两种形式)。

(2)栽植坑挖掘

按照绿地规划设计要求,在园林树木栽植点挖掘栽植坑,要求栽植坑位置准确、四壁垂直、坑底水平、表土与底土分别堆放。

(3)栽植坑回填

在栽植坑挖掘工作完成以后,经教师验收合格,进行栽植坑回填。将表土和肥料混匀回填到坑底,回填至离地面 20~30cm,要求边回填边踩实。

(4)苗木带土球挖掘

在栽植坑回填工作完成以后,经教师验收合格,按照要求进行园林树木带土球起苗。

(5)带土球苗木运输

将挖掘好的带土球苗木进行包扎和运输,保证树体和土球完好无损。

(6)带土球苗木处理

运输到栽植地点后,对带土球苗木的地上部分进行修剪,同时修剪暴露在土球外面的根系。

(7)带土球苗木栽植

将处理好的带土球苗木栽植到回填好的栽植坑中。

(8)栽植成活期养护管理

栽植工作完成以后,对苗木进行浇水等养护管理。

【实践安排】

在教师的指导下,学生分组在某一绿地完成园林树木带土球栽植。

(1)教师讲解园林树木带土球栽植的工作内容、工作要求和工作方法。

(2)学生以小组为单位完成园林树木带土球栽植工作。工作内容包括:定点放线、栽植坑挖掘、栽植坑回填、带土球苗木挖掘、带土球苗木运输、带土球苗木处理、带土球苗木栽植和成活期养护管理等。

(3)在完成园林树木带土球栽植工作的基础上,教师组织学生对园林树木带土球栽植工作进行总结交流,解答学生提出的疑问,最后学生填写园林树木带土球栽植记录表,撰写园林树木带土球栽植报告。

(4)每个小组汇报园林树木带土球栽植结果,教师在现场点评各小组工作情况,找出存在的问题，提出改正的办法，指导小组成员进行现场整改。最后由教师为每个小组进行评分。

【实践结果】

(1)带土球栽植的园林树木。

(2)园林树木带土球栽植记录表(表 5-2)。

(3)园林树木带土球栽植报告。

表5-2　园林树木带土球栽植记录表

栽植时间：_____　　栽植地点：_____

专业：_____　班级：_____　学号：_____　姓名：_____

行政区划		地理位置	
绿地名称		绿地类型	
树种名称		园林用途	
栽植方式		土球规格	
定点放线			
栽植坑挖掘			
栽植坑回填			
苗木处理			
苗木栽植			
栽植后浇水			
栽植工作要点			
存在问题			
解决办法			
心得体会			

实践 5-3　绿篱栽植

【实践目的】

学习和掌握绿篱栽植的工作内容和工作方法。

【工具和材料】

铁锹、镐头、皮尺、钢卷尺、修枝剪、笔记本、笔、文件夹、绿篱栽植记录表、绿篱栽植平面图。

【实践内容】

（1）定点放线

根据绿地规划设计平面图，在地面标出绿篱栽植的具体位置。

（2）栽植坑挖掘

按照绿地规划设计要求，在绿篱栽植范围内挖掘栽植坑。栽植坑的大小要大于设计的绿篱四边大小，一般每边大 20～30cm 即可。要求栽植坑位置准确、四壁垂直、坑底水平、表土与底土分别堆放。

（3）栽植坑回填

在栽植坑挖掘工作完成以后，经教师验收合格，进行栽植坑回填。将表土和肥料混匀回填到坑底，回填至离地面 20～30cm，要求边回填边踩实。

（4）苗木挖掘

在栽植坑回填工作完成以后，经教师验收合格，按照要求进行绿篱苗木挖掘。

（5）苗木运输

将挖掘好的绿篱苗木运输到栽植地点，便于开展栽植工作。

（6）苗木处理

对运输到栽植地点的绿篱苗木根系和地上部分进行适当修剪。

（7）苗木栽植

将处理好的绿篱苗木进行栽植，具体要求：在栽植坑内成列栽植绿篱苗木，从栽植坑的一边开始一排一排栽植，即栽植完第一排再栽植第二排，以此类推，同时要注意苗木的株距和行距，并注意苗木的埋土深度。

（8）栽植成活期养护管理

栽植工作完成以后，对绿篱苗木进行浇水等养护管理。

【实践安排】

在教师的指导下，学生分组在某一绿地完成绿篱栽植。

（1）教师讲解绿篱栽植的工作内容、工作要求和工作方法。

（2）学生以小组为单位完成绿篱栽植工作。工作内容包括：定点放线、栽植坑挖掘、栽植坑回填、绿篱苗木挖掘、绿篱苗木运输、绿篱苗木处理、绿篱苗木栽植、成活期养护管理等。

（3）在完成绿篱栽植工作的基础上，教师组织学生对绿篱栽植工作进行总结交流，解答学生提出的疑问，最后学生填写绿篱栽植记录表，撰写绿篱栽植报告。

（4）每个小组汇报绿篱栽植工作结果，教师在现场点评各小组工作情况，找出存在的问题，提出改正的办法，指导小组成员进行现场整改。最后由教师为每个小组进行评分。

【实践结果】

（1）栽植完成的绿篱。

（2）绿篱栽植记录表（表5-3）。

（3）绿篱栽植报告。

表 5-3 绿篱栽植记录表

栽植时间: _____ 栽植地点: _____

专业: _____ 班级: _____ 学号: _____ 姓名: _____

行政区划		地理位置	
绿地名称		绿地类型	
树种名称		树种编号	
绿篱规格		苗木规格	
栽植密度		苗木数量	
定点放线			
栽植坑挖掘			
栽植坑回填			
苗木处理			
苗木栽植			
栽植后浇水			
栽植工作要点			
存在问题			
解决办法			
心得体会			

实践 5-4　园林树木容器栽植

【实践目的】

学习和掌握园林树木容器栽植的工作内容和工作方法。

【工具和材料】

铁锹、镐头、皮尺、钢卷尺、修枝剪、笔记本、笔、文件夹、园林树木容器栽植记录表。

【实践内容】

(1) 容器选择

容器能够满足景观营造的要求，同时与所栽植的苗木搭配协调。

(2) 苗木选择

根据摆放地点的自然环境条件和社会环境条件选择容器栽植的苗木，主要考虑树种的生物学特征和生态学特性，保证苗木栽植以后能够正常生长发育，发挥较好的生态作用，同时苗木个体要与栽植容器的大小、形状、颜色等相互搭配，营造独特的观赏效果。

(3) 栽培基质配制

根据所选择苗木的生态学特征和容器摆放地点的自然环境条件选择和配制栽培基质，栽培基质应能够满足苗木对水分、空气和矿质元素的需要，保证苗木能够正常生长发育。

(4) 苗木挖掘

在选择好栽植容器和配制好栽培基质以后，根据栽植技术要求挖掘苗木。

(5) 苗木运输

将挖掘好的苗木运输到栽植地点的栽植容器附近。

(6) 苗木处理

对运输到栽植地点的苗木根系和地上部分进行适当修剪，保证苗木根系在栽植容器中能够舒展，同时保证苗木地上部分造型美观。

(7) 苗木栽植

按照栽植技术要求，将处理好的苗木在容器中进行栽植。要注意苗木在容器中的水平位置、栽植深度、根系分布和苗木的姿态，保证苗木栽植工作的质量。

(8) 栽植后养护管理

栽植工作完成以后，对苗木进行浇水等养护管理。

【实践安排】

在教师的指导下，学生分组在某一绿地完成园林树木容器栽植。

(1) 教师讲解园林树木容器栽植的工作内容、工作要求和工作方法。

(2) 学生以小组为单位完成园林树木容器栽植工作。工作内容包括：栽植容器选择、苗木选择、栽培基质配制、苗木挖掘、苗木运输、苗木处理、苗木栽植和苗木养护管理等。

(3) 在完成园林树木容器栽植工作的基础上，教师组织学生对园林树木容器栽植工作进行总结交流，解答学生提出的疑问，最后学生填写园林树木容器栽植记录表，撰写园林树木容器栽植报告。

(4)每个小组汇报园林树木容器栽植工作结果，教师在现场点评各小组工作情况，找出存在的问题，提出改正的办法，指导小组成员进行现场整改。最后由教师为每个小组进行评分。

【实践结果】

(1)栽植完成的容器苗木。

(2)园林树木容器栽植记录表(表5-4)。

(3)园林树木容器栽植报告。

表 5-4 园林树木容器栽植记录表

栽植时间：_____ 栽植地点：_____

专业：_____ 班级：_____ 学号：_____ 姓名：_____

树种名称		苗木规格	
容器材料		容器规格	
栽培基质			
栽培基质配制			
栽培基质填入			
苗木处理			
苗木栽植			
栽植后浇水			
栽植工作要点			
存在问题			
解决办法			
心得体会			

单元6 园林树木生长环境管理

知识目标

1. 掌握园林树木生长环境因子的概念和作用。
2. 掌握园林树木生长环境调查的方法。
3. 掌握园林树木生长环境管理的目的和内容。
4. 掌握园林树木生长环境管理的基本方法。

能力目标

1. 能够进行园林树木的土壤环境调查。
2. 能够进行园林树木的气候环境调查。
3. 能够根据园林树木生长发育特点和生长环境现状制订园林树木生长环境管理工作方案。
4. 能够进行园林树木生长环境管理。

6.1 园林树木生长的环境因子

园林树木周围的所有事物构成了园林树木的生长环境，影响园林树木生长发育的环境要素就是环境因子，包括土壤、空气、水分、温度、光照、植物、动物、微生物、建筑物、道路和车辆等。

6.1.1 园林树木生长环境因子的类型

6.1.1.1 直接环境因子

温度、光照、水分、土壤、大气成分、风和生物等环境因子对园林树木的生长发育产生直接的影响，称为直接环境因子。

（1）温度

①温度与园林树木分布　根据温度指标，地球气候带可分为赤道带、热带、亚热带、暖温带、温带、寒温带。不同气候带分布的园林树木类型不同，分为热带雨林、季雨林、

亚热带常绿阔叶林、暖温带落叶阔叶林、温带针阔叶混交林、寒温带针叶林等类型。

②温度与园林树木生长发育　空气温度和土壤温度直接影响园林树木的生长发育。

A. 相关概念

生物学零度　园林树木萌芽和生长发育需要的最低温度。落叶树的生物学零度为 6~10℃，常绿树的生物学零度为 10~15℃。气温达到生物学零度时，园林树木开始生长；气温升高，园林树木生长速度加快；气温下降到生物学零度以下时，园林树木开始落叶和休眠。

有效积温　在园林树木的生长季节，气温达到生物学零度以上的日平均温度的总和。落叶树的有效积温为 2500~3000℃，常绿树的有效积温为 4000~4500℃。

三基点温度　园林树木生长发育的最低生长温度、最适生长温度和最高生长温度。气温和地温达到最低生长温度时，园林树木开始生长发育，气温和地温达到最适生长温度时，园林树木生长发育最快；气温和地温达到最高生长温度时，园林树木生长发育受到抑制或停止生长。

B. 温度与器官生长发育　根系在一年中一般没有明显的休眠期。土壤温度适宜时，根系不断生长发育；土壤温度过高或过低时，根系被迫休眠。花芽分化需要适宜的温度条件，温度条件不适宜时，不能完成花芽分化。气温决定开花时间和花期持续时间。果实的生长发育也受到温度的影响，适宜的温度和适当的昼夜温差促进果实生长发育。

C. 极端温度与园林树木生长发育

霜害　气温降到 0℃ 或 0℃ 以下时，园林树木器官表面结霜，造成低温危害。秋季出现霜冻称为早霜危害，春季结霜称为晚霜危害。

冻害　气温降到 0℃ 以下并持续较长时间，园林树木体内结冰，树体细胞破裂，组织受到损伤，导致树体受到伤害或者死亡，称为冻害。

寒害　园林树木的生长期气温在 0℃ 以上，低于最低生长温度时，造成生长发育不良甚至死亡，称为寒害。

冻举　冬季土壤含水量过高时，土壤内部水分结冰膨胀，土壤表面升高，土壤中的苗木随土壤升高，春季解冻时，土壤表面下降，苗木的根系裸露于地面，造成苗木损伤或死亡，称为冻举。

冻旱　春季气温快速升高，园林树木的地上部分萌动和生长，而土壤尚未解冻，根系休眠，不能吸收水分供地上部分生长，导致地上部分水分供应不足产生生理干旱的现象，称为冻旱。

高温危害　生长期气温达到或超过最高生长温度时，园林树木生长发育受到抑制，生理活动紊乱。长期高温会导致园林树木生长发育不良甚至死亡。

（2）光照

光照是光合作用的能量来源，对园林树木的生长发育具有重要的作用。

①光谱与园林树木生长发育　太阳光谱分为可见光与不可见光两部分。可见光波长为 400~760nm，分为红光、橙光、黄光、绿光、青光、蓝光、紫光；不可见光分为紫外线和红外线两种。可见光、紫外线和红外线对园林树木的生长发育产生的影响不同。

在波长为 400~760nm 的可见光下，园林树木的光合作用最强。红光能够促进茎的加长生长，有利于糖类的合成；蓝光有利于蛋白质和有机酸的合成；绿光很少被植物吸收利用。

紫外线抑制生长激素的形成，抑制加长生长。紫外线能够促进花青素的形成。紫外线中波长 $0.315 \sim 0.42\mu m$ 的部分会使植物变矮、叶片变厚变小、毛茸发达、叶绿素含量增加、花色艳丽；紫外线中波长 $0.28 \sim 0.315\mu m$ 的部分会对植物产生危害；波长小于 $0.28\mu m$ 的紫外线能够杀死植物。

红外线分为近红外线和远红外线，波长 $760 \sim 3000nm$ 的近红外线为园林树木提供热能，波长 $3000 \sim 50\,000nm$ 的远红外线对园林树木的生长发育影响较小。

②光照强度与园林树木生长发育　光照强度是单位面积接受可见光的光通量，简称照度，单位为 lx。光照强度用于表示光照的强弱和物体表面被照明程度的量。光照强度对光合作用产生很大的影响，对园林树木生长发育过程中形态结构的形成具有重要的作用。

光补偿点　是光合作用吸收的 CO_2 与呼吸作用释放的 CO_2 达到平衡时的光照强度。光照强度达到光补偿点时，光合作用产生的有机物的量正好与呼吸作用消耗的有机物的量相等，不能形成有机物的积累，导致生长缓慢或者停止。光照强度超过光补偿点后，随着光照强度的提高，光合作用强度提高，形成体内有机物的积累。耐阴树种的光补偿点较低，仅为 $100 \sim 300lx$；喜光树种的光补偿点较高，达到 $1000lx$。

光饱和点　光照强度达到一定的水平时，光合速率达到最大值，光合作用强度不再随光照强度的提高而提高，这就是光饱和现象，此时的光照强度就是光饱和点。耐阴树种的光饱和点比较低，一般为 $5000 \sim 10\,000lx$；喜光树种的光饱和点达到 $20\,000 \sim 50\,000lx$。

③光照长度和光周期与园林树木生长发育　光照长度是指光照持续的时间。光照长度与日照时数不同，日照时数是指太阳光直接照射地面的时间。光照长度对园林树木生长发育产生明显的影响，如直接影响花芽分化、开花、结实和休眠。光照长度的变化对花芽分化起决定性的作用，在生产上，调节光照长度能够调整开花时间，营造独特的景观效果。

光照和黑暗交替出现的规律性的变化称为光周期现象。园林树木对一天 24h 的光照周期性变化产生适应和依赖，形成昼夜生长发育周期。光照长度与昼夜生长发育周期不同步时，造成园林树木昼夜生长周期紊乱，导致生长发育不良或死亡。

（3）水分

水分是树体的重要组成部分，占树体重量的 $70\% \sim 80\%$。水分参与树体各项生命活动，是树体生理生化反应的原材料或介质。

①相关概念

土壤含水量　是土壤的绝对含水量，即 100g 烘干土中含水的克数，也称为土壤含水率。

田间持水量　是在不受地下水影响时，土壤所能保持的毛管悬着水的最大量。通常把土壤的田间持水量看作一个常数，用来计算土壤灌水量的上限和灌水定额。

降水量　是天空降落到地面的液态水或固态水（融化后），未经蒸发、渗透、流失，在水平面上积聚的深度。降水量以毫米（mm）为单位。年降水量是衡量一个地区降水多少的基础数据，一年中降水量的总和为年降水量。把一个地方多年的年降水量平均，得到这个地方的年平均降水量。年平均降水量在800mm以上的地区是湿润地区，年平均降水量在400~800mm的地区是半湿润地区，年平均降水量在200~400mm的地区是半干旱地区，年平均降水量在200mm以下的地区是干旱地区。

降水分布 一个地区的降水分布特征分为地区分布和季节分布。从年降水量的地区分布状况来看，我国年降水量总体上由东南往西北递减，西北地区深居内陆，远离海洋，是我国年降水量最少的地区。从降水的季节分布来看，我国的降水主要集中在夏季，气候特征表现为雨热同期；冬季盛行西北季风，降水不多。

地下水位 是地下水面相对于地面的高程，通常以绝对标高计算，也就是地下水面与地面的垂直距离。地下水位在1.5m以上时适合园林树木生长。地下水位过高造成土壤水分过多时，选择湿生树种营造特色景观。

②水分与园林树木生长发育

涝害 土壤中水分长期过多，根系的有氧呼吸受到抑制，长期无氧呼吸产生大量的有毒物质，造成根系中毒，导致园林树木严重受伤或死亡。

旱害 土壤水分含量过低时，根系不能正常吸收水分。土壤含水量降至15%以下时，园林树木的地上部分停止生长；土壤含水量低于7%时，园林树木的根系停止生长。土壤含水量长期过低会造成园林树木生长发育不良甚至死亡。花芽分化期土壤含水量不足，会导致花芽分化困难；开花期土壤含水量不足，会导致开花困难，降低观花效果，缩短花期。

③提高园林树木抗旱能力的措施

抗旱锻炼 对种子或幼苗进行适当的干旱处理，可提高其抗旱能力。在苗木生产过程中采用蹲苗、搁苗、饿苗等方法，能够有效提高园林树木的抗旱能力。

合理施肥 适量的磷肥和钾肥可以提高园林树木的抗旱性。氮肥适量时，促进园林树木生长发育；氮肥过量时，枝叶徒长，蒸腾作用加强，树体失水增多；氮肥不足时，园林树木生长不良，植株瘦弱，抵抗干旱的能力较差。微量元素硼、铜等也能够提高抗旱能力。

使用化学药剂 植物生长抑制剂、植物生长延缓剂、抗蒸腾剂能提高树体保水能力，进而提高园林树木抗旱能力。其中，植物生长抑制剂能促使叶片气孔关闭，减弱蒸腾作用，减缓水分散失。植物生长延缓剂能增加树体细胞的保水能力，提高抗旱能力。抗蒸腾剂喷施在叶片表面，在叶片表面形成保水薄膜，能减弱蒸腾作用，提高抗旱能力。

(4) 土壤

土壤是地球表面的疏松物质，由各种颗粒状矿物质、有机物质、水分、空气、微生物等组成，是园林树木生长发育的基质和营养库。土壤理化性质影响根系对水分、矿质元素的吸收作用和根系的呼吸作用，从而影响根系的生长。

①土壤质地 固体颗粒是组成土壤的基础，分为粗砂、细粒、粉砂和黏粒。土壤质地是指土壤中不同直径的矿物颗粒的组合状况。根据土壤质地把土壤分为砂土、壤土和黏土。砂土砂粒含量在50%以上，土壤疏松，保水保肥性差，通气透水性强，不利于园林树木生长发育；壤土质地较均匀，粗粉粒含量高，通气透水性、保水保肥性能都较好，抗旱能力强，适宜园林树木生长；黏土以细黏土为主，质地黏重，保水保肥能力较强，通气透

水性差，不利于园林树木生长发育。

②土壤结构　是土壤中不同颗粒的排列和组合形式。最好的土壤结构是团粒结构(直径 $0.25 \sim 10mm$)，具有水稳定性，使土壤中水分、空气和营养物的比例协调。具有大量团粒结构的土壤最适合园林树木生长发育。

③土壤温度　直接影响园林树木根系的生长发育。土壤温度偏低会减弱根系的代谢活动，抑制根系生长；土壤温度偏高会促使根系早熟和木质化，减小吸收面积。

④土壤水分　土壤矿质元素溶解在水中被根系吸收利用。土壤水分溶解盐类形成的土壤溶液还参与土壤中的物质转化，促进有机物的分解与合成。

⑤土壤空气　土壤中 O_2 的含量为大气的 $10\% \sim 12\%$，当 O_2 含量降至 10% 以下时，抑制根系的呼吸。土壤含水量过多时，O_2 含量少，根系呼吸困难，根系有毒物质积累造成根系腐烂。土壤中 CO_2 含量达到 $10\% \sim 15\%$ 时，根系呼吸和吸收受阻，导致根系窒息死亡。一般采用深翻、深耕、排水等方法改善土壤通气状况。

⑥土壤酸碱度　与土壤有机质的合成与分解、营养元素的转化与释放、微量元素的有效性、土壤保持养分的能力等密切相关。土壤酸碱度适宜时根系正常生长发育，土壤酸碱度不适时根系生长发育不良甚至死亡。

⑦土壤厚度　深厚的土壤为根系的生长发育提供充足的空间，有利于深根性树种的根系向下生长；土壤瘠薄会导致根系分布浅，根系生长发育不良，根系的固地性差，并使地上部分生长发育不良和抗风能力降低。

⑧土壤有机质　含量一般占土壤干重的 $0.5\% \sim 2.5\%$，是衡量土壤肥力的重要标志。按分解程度，土壤有机质分为新鲜有机质、半分解有机质和腐殖质。

腐殖质是由新鲜有机质转化形成的胶体物质，占土壤有机质的 $85\% \sim 90\%$，含有氮、磷、钾、硫、钙等大量元素和微量元素，是土壤矿质元素的主要来源。土壤腐殖质吸水保肥能力很强，吸水率达 $400\% \sim 600\%$，保肥能力是黏粒的 $6 \sim 10$ 倍。土壤腐殖质是形成团粒结构的胶黏剂，可提高黏土的疏松度和通气性，改变砂土的松散状态。腐殖质颜色较深，有利于吸收阳光，提高土壤温度。腐殖质调节土壤酸碱度，促进养分转化，有利于园林树木根系生长。腐殖质分解产生腐殖酸、有机酸、维生素和激素，促进园林树木根系呼吸和吸收作用，加速根系生长。

(5) 大气成分

大气是地球大气层中的气体混合物，由氮气 (N_2)、氧气 (O_2)、稀有气体、二氧化碳 (CO_2)、水蒸气以及杂质等组成。N_2 体积约为 78%，O_2 体积约为 21%，稀有气体体积约为 0.94%，CO_2 体积约为 0.03%，水蒸气、杂质等的体积约为 0.03%。

①O_2 与园林树木生长发育　园林树木的呼吸作用吸收 O_2，为生长发育提供能量和营养物质。光合作用产生大量的 O_2 释放到大气中，起到维持大气中 O_2 平衡的作用。

②CO_2 与园林树木生长发育　光合作用吸收的 CO_2 量与呼吸作用释放的 CO_2 量达到动态平衡时的 CO_2 浓度称为二氧化碳补偿点。当 CO_2 浓度处于补偿点时，光合速率与呼吸速率相等，有机物的形成量与消耗量相等；当 CO_2 浓度低于补偿点时，光合速率低于呼吸速率，不能积累光合产物，需消耗贮藏物质维持生命。可见，CO_2 浓度高于补偿点时才能有效积累干物质。

当 CO_2 浓度提高到一定程度后，植物的光合速率不再随 CO_2 浓度的提高而提高，这时的 CO_2 浓度称为二氧化碳饱和点。

③N_2 与园林树木生长发育　大气中的 N_2 含量最高，但是园林树木不能直接吸收利用 N_2。一些植物的根系和土壤中的固氮菌能够吸收利用 N_2，把 N_2 转化为园林植物能够吸收利用的含氮化合物。

④有害气体与园林树木生长发育　大气中的有害气体对园林树木生长发育产生不利影响，如二氧化硫、氯气、硫化氢、氯化氢等有害气体被园林树木吸收后，叶片出现病斑、黄化和落叶，影响生长发育。

大气中的有害气体含量较低时，园林树木能够吸收大气中的有害气体，起到净化空气的作用。

⑤大气颗粒物与园林树木生长发育　大气颗粒物包括尘粒、粉尘和烟雾等。

粉尘附着在叶片上，堵塞叶片的气孔及皮孔，影响气体交换和水分蒸腾，减弱光合、呼吸和蒸腾作用。

园林树木的树体能够吸附大量的大气颗粒物，叶片也能够吸收部分大气颗粒物，从而降低大气颗粒物的含量，起到净化空气的作用。

(6) 风

风能够传播植物花粉、种子，也能够传播病原体；风能够吹落园林树木的枯枝落叶，对园林树木的生长发育有利；微风能够增加树冠通风透光，对园林树木生长发育有利；台风、龙卷风对园林树木的树体产生破坏作用。

(7) 生物

①微生物　包括细菌、病毒、真菌、立克次氏体、支原体、衣原体和螺旋体等。根据微生物对园林树木生长发育的影响，将其分为有益微生物和有害微生物。

土壤微生物大部分是有益微生物，起到分解有机体、调节土壤酸碱度、提高土壤通透性、增加土壤矿质元素和空气含量的作用，为根系生长发育提供良好的土壤条件。

土壤和空气中还存在有害微生物，它们生活在树体表面或侵入树体内部，影响园林树木的生长发育，严重时导致树木死亡。

②昆虫　属于节肢动物，种类繁多、形态各异，是地球上数量最多的动物群体，已知的昆虫有 100 余万种，对园林树木的生长发育产生较大影响。

益虫　虫媒花需要昆虫传播花粉；土壤昆虫帮助分解有机质，改善土壤理化性质。

害虫　咬食根系、枝叶、花、果实和种子，造成园林树木生长发育不良甚至死亡。

③植物

相互竞争　园林树木的伴生植物吸收土壤矿质元素、水分和空气，争夺阳光、O_2 和 CO_2，对园林树木的生长发育产生影响。高大树木遮挡矮小树木的阳光，导致矮小树木生长发育不良。栽植过密时，生长空间不足，影响园林树木的生长发育。

相生相克　园林树木之间存在相生相克，通过分泌化学物质促进或抑制周围树木的生长发育，又称为他感作用。产生他感作用的化学物质是酚类和萜类化合物。残体分解物也会抑制园林树木的生长发育。

6.1.1.2 间接环境因子

地理位置、地形、海拔高度、坡度、坡向、坡位等环境因子对直接环境因子产生影响，从而影响园林树木的生长发育，称为间接环境因子。

(1)地理位置

地理位置具有特异性和稳定性，对园林树木的生长发育产生一定的影响。

(2)地形

地形是地物形状和地貌的总称。高原、平原、山地、盆地和丘陵的地形条件差异巨大，影响园林树木的分布和生长发育。

(3)海拔高度

海拔高度是地面某个地点高出或者低于海平面的垂直距离，简称海拔。海拔高度1500~3500m为高海拔，3500~5500m为超高海拔，5500m以上为极高海拔。海拔高度显著影响气温，温度随海拔的升高而降低(海拔升高100m，气温降低0.5~0.6℃)。光照强度随海拔的升高而增强，湿度随海拔的升高而加大。因此，海拔高度能够影响园林树木的生长发育和分布。

(4)坡度

坡度是地表陡缓的程度，通常用坡面的垂直高度与水平距离的比值表示。坡度能够影响太阳光照，影响降水在地表的流动和在土壤中的下渗，间接影响园林树木的生长发育。在园林绿地中常常会营造微地形，满足造景、园林树木生长发育和给排水工程要求。

(5)坡向

坡向与日照时数和太阳辐射强度有密切的联系。在北半球，南坡光照强度最大，日照时间最长，其次为东南坡和西南坡，再次为东坡、西坡及东北坡和西北坡，北坡光照强度和日照时间最小。坡向对温度、降水量、风速、土壤质地等产生综合影响，进而影响园林树木的分布和生长发育。例如，南坡或西南坡温度最高，北坡或东北坡温度最低，温差可达3~4℃。

(6)坡位

山坡的不同位置，环境因子不同。坡顶光照强、光照时间长、温度高、昼夜温差大、风大、水分不足，坡底光照不足、光照时间较短、昼夜温差较小、温度较低、水分较多。因此，坡位对园林树木的生长发育也会产生明显的影响。

6.1.2 城市生态环境的特点

(1)城市生态环境的"五岛效应"

①城市热岛效应　城市的空气温度明显高于周边郊区的现象，称为城市热岛效应。城市绿化覆盖率与热岛效应成反比，绿化覆盖率越高，则热岛效应越弱。当城市绿地率大于30%、绿化覆盖率大于50%时，城市热岛效应明显减弱。绿地面积大于$3hm^2$且绿化覆盖率达到60%以上的集中绿地，热岛效应基本消失。

②城市干岛效应　城市大气水汽压的平均值明显低于周边郊区的现象，称为城市干岛效应。由于城市建成区的空气从土壤和植被获得的水分相对减少，导致空气水分含量明显

低于周边郊区。

③城市湿岛效应 城市建成区的空气平均水汽压明显高于周边郊区的现象，称为城市湿岛效应。城市湿岛效应根据产生的原因可以分为凝露湿岛效应、雨天湿岛效应、雾天湿岛效应、结霜湿岛效应和雪天湿岛效应等。

④城市雨岛效应 盛夏时节城市上空容易形成热气流和局地暴雨，造成城市降水量大于郊区的现象，称为城市雨岛效应。

⑤城市浑浊岛效应 城市中的烟尘污染物比郊区多，大气的浑浊度显著大于郊区的现象，称为城市浑浊岛效应。

（2）城市的光照环境

①光照量减少 城市接收的总太阳辐射少于郊区，这是因为大气中污染物浓度增加，降低了大气的透明度而使太阳直接辐射明显减少。

②光照分布不均 由于街道的走向、建筑物的遮挡，城市的光照很不均匀，所以城市不同位置的园林树木受光量不同，直接影响园林树木的生长发育。

③光照时间延长 城市人工光照的存在延长了光照时间，不利于落叶树的落叶过冬，也不利于树木生殖生长和营养生长的平衡。

（3）城市的土壤环境

城市土壤的自然分布产生巨大变化，土壤的理化性质发生很大的改变，如土壤板结、通透性差、保水保肥能力差，土壤有机物含量少，土壤污染物增加，不利于园林树木的生长发育。

（4）城市的空气环境

城市空气污染严重，有害气体如二氧化硫、氟化氢、氯气、硫化氢、氯化氢等含量增加，粉尘含量也很高，对园林树木的生长发育产生不利的影响。

6.2 园林树木生长环境调查

园林树木生长环境管理的首要内容就是园林树木生长环境调查，目的是搞清楚园林树木生长环境的基本情况，根据生长环境情况制订生长环境管理工作方案。

6.2.1 自然环境调查

（1）地形地貌调查

地形地貌调查主要是调查栽植地大范围内地面高低起伏的自然状况。

（2）土壤调查

土壤调查的内容包括土壤类型、土层厚度、土壤 pH、土壤含水量、土壤矿质元素、土壤层次、土壤有机质、土壤通气情况、土壤覆盖物、土壤侵入体、土壤温度、土壤质地等基本情况。

（3）水源调查

水源调查主要是调查地下水位、水质等基本情况。

（4）气候调查

气候调查的内容包括年降水量、年降水分布规律、年日照时数、年平均气温、年极端气温、自然灾害天气等。

6.2.2 社会环境调查

社会环境调查的内容包括栽植地的交通、通信、供水、供电、周边住宅区、企事业单位、居民及生活习惯等。

（1）行政区划调查

调查栽植地的行政区划，即省、市、县（区）、乡（街道）等具体的行政管辖范围。

（2）地理位置调查

调查栽植地的具体位置，先调查栽植地经度、纬度和海拔高度，然后调查栽植地在城市中的具体位置。

（3）周边环境调查

调查栽植地周边的交通、通信、建筑物、管道、线路、企事业单位、居民及生活习惯等基本情况。

6.2.3 生物环境调查

生物环境调查就是调查园林树木周边其他植物的种类、数量和生长发育状况等，以及动物和微生物的种类、数量等。

6.2.4 人为危害调查

（1）环境污染状况调查

调查土壤污染、水污染和大气污染的污染源、污染途径、污染物种类、污染程度和对园林树木的危害情况。

（2）人为活动调查

调查人类行为如倾倒污水、钉钉子、绑铁丝、爬树、踢打树干、剥树皮、攀折树枝、采花和采果等对园林树木生长发育的影响情况。

6.3 园林树木土壤管理

6.3.1 土壤管理的目的

土壤管理的目的是为园林树木根系生长发育提供适宜的土壤环境。

6.3.2 土壤管理的内容

（1）土壤空间管理

依据园林树木根系生长特性设计栽植坑的规格，严格按照栽植坑的规格栽植树木。栽植坑的土壤厚度不足时垫土，水平范围不足时拆除硬化地面扩大栽植坑水平范围等。一般要求栽植坑深度达到 80cm 以上，水平范围达到 1m 以上。

（2）土壤质地管理

土壤质地要适合园林树木根系的生长发育。土壤质地管理就是使用换土和土壤改良等方法，使土壤质地适宜于园林树木根系生长发育。

（3）土壤水分管理

土壤水分是园林树木生长发育所需水分的主要来源，检测和调节土壤水分对园林树木生长发育意义重大。

（4）土壤温度管理

土壤温度决定园林树木根系的生长与休眠，土壤温度管理就是监测和调节土壤温度。

（5）土壤矿质元素管理

土壤中的矿质元素分为大量元素和微量元素，是园林树木生长发育必需的无机物质。土壤矿质元素管理就是检测和调节土壤矿质元素含量，保证园林树木根系正常生长生育。

（6）土壤酸碱度管理

土壤酸碱度直接决定园林树木根系的生存和生长发育。土壤酸碱度管理就是检测和调节土壤酸碱度，使其利于园林树木根系生长发育。

（7）土壤有机质管理

土壤有机质含量影响土壤矿质元素和土壤质地，检测和提高土壤有机质含量是土壤有机质管理的重要内容。

（8）土壤微生物管理

土壤微生物对于土壤理化性质具有重要作用，检测和促进土壤微生物活动是土壤微生物管理的重要内容。

（9）土壤动植物管理

土壤中的动物和植物影响园林树木根系的生长发育，如土壤动物取食树木根系，其他植物与树木争夺矿质元素和水分等，因此土壤动植物管理也是土壤管理的重要内容。

6.3.3 土壤管理的措施

（1）土壤深翻

对园林树木根系生长范围内的土壤进行深翻，可以疏松土壤，改善土壤理化性状，增强土壤微生物的活动，促进土壤熟化，有利于园林树木根系生长。具体方法是从栽植坑开始向外深翻，深度为60~80cm，宽度为50~60cm，深翻时间为落叶期和休眠期。深翻时去除土壤杂质，切断部分根系，以促发新根，增加根系密度，扩大根系分布范围。将表土与有机肥混合埋入坑底。深翻后马上灌水。

（2）换土或掺土

在黏土中掺入砂土，或在砂土中掺入黏土（或淤泥），可以起到改良土质的作用。

（3）添加酸性或碱性物质

酸性土壤加入石灰、草木灰等碱性物质，碱性土壤加入硫黄、硫酸亚铁等酸性物质，能够调节土壤酸碱度。

（4）中耕除草

中耕除草既能够疏松表土，切断土壤毛细管，减少土壤水分蒸发，改善土壤通气和水分状况，也能够加速有机质的分解和转化，提高土壤肥力，还能够提高土壤温度，并清除杂草，减少杂草对水分和养分的争夺，减少病虫害。中耕的深度一般为 6~10cm。

（5）土壤覆盖

利用有机物和植物覆盖土壤表面，能够减少水分蒸发，减少地面径流，调节土壤温度，减少杂草生长，还能增加土壤有机质含量。一般用树皮、谷草、树叶、豆秸、泥炭等在树盘下覆盖，覆盖厚度以 3~5cm 为宜。一般在生长季节土温较高和干旱时覆盖。地被植物用紧贴地面的多年生植物和一、二年生的绿肥作物，如苜蓿、草木犀、紫云英等。

（6）土壤施肥

土壤施肥可以增加土壤的矿质元素、有机物和微生物含量，提高土壤通透性，调节土壤酸碱度，有利于园林树木根系生长发育。

①肥料的种类　肥料分有机肥料、无机肥料和微生物肥料。

有机肥料　以有机质为主，如人尿、厩肥、堆肥、绿肥、枯枝、落叶和饼肥等，经过土壤微生物的分解才能被园林树木吸收利用，为迟效性肥料。

无机肥料　又称为化学肥料或矿质肥料，分为氮肥、磷肥、钾肥、钙肥、镁肥、微量元素肥料、复合肥料等，无机肥料大多属于速效性肥料。氮肥是常见的化学肥料，包括尿素、硫酸铵和硝酸铵等，为植物提供速效氮。磷肥提供磷元素，主要是过磷酸钙及磷矿粉，有助于花芽分化和根系生长，提高植物抗寒能力。磷肥肥效缓慢，属于缓效肥料。钾肥是土壤钾元素的主要来源，是构成植物灰分的主要元素，可以增强植物的抗逆性和抗病性，是不可缺少的元素。常用钾肥有氯化钾和硫酸钾。复合肥是指含有氮、磷、钾中两种或两种以上营养元素的化肥，常见复合肥有磷酸二氢钾、磷酸二铵等。

一般土壤中的微量元素能够满足园林树木生长发育的需要。土壤缺乏微量元素时，园林树木表现为失绿、斑叶等症状。例如，缺铁表现为失绿；缺硼表现为顶芽停止生长，植株矮化，叶变小；缺锌表现为失绿及小叶病等。叶面喷施硼肥浓度为 0.1%~0.25%，锌肥浓度为 0.05%~0.2%，钼肥浓度为 0.02%~0.05%，铁肥浓度为 0.2%~0.5%，锰肥浓度为 0.05%~0.1%。

微生物肥料　主要成分是细菌或真菌，不含植物需要的营养元素，通过微生物的活动改善土壤环境条件，以利于园林树木生长发育。微生物肥料分细菌肥料和真菌肥料两类，细菌肥料由固氮菌、根瘤菌、磷化细菌和钾细菌等制成，真菌肥料由菌根菌等制成。

②施肥的依据

土壤状况　土壤质地、土壤类型、有机物含量、矿质元素含量、酸碱度等是土壤施肥的依据，应根据土壤检测的结果决定肥料的种类、数量及施肥的时间和方法。

树木种类和生长发育阶段　不同树种对土壤养分的要求不同，同一树种的不同生长发育阶段对土壤养分的要求也不同。施肥要考虑树种特性和生长发育规律，满足树木生长对土壤养分的要求，同时避免过量施肥和产生肥害。

园林树木在新梢快速生长期需要氮元素较多。新梢缓慢生长期需要氮、磷和钾肥，钾肥有利于提高光合能力和抗寒性，磷肥有利于花芽分化、开花、坐果和果实发育。在园林树木的休眠期施基肥，供生长期吸收利用。在园林树木的旺盛生长期要保证矿质元素和水分供应。园林树木的生长后期对氮元素和水分的需求减少，应控制土壤氮元素和水分含量，增加磷和钾元素的含量，促进营养积累和枝条木质化，以利于园林树木安全越冬。

气象条件　施肥要选择适宜的气象条件。小雨天施氮肥利于氮肥溶解、下渗和吸收利用；高温季节是追肥的适宜季节，夏季雨天追施速效氮肥效果较好。

肥料性质　速效性肥料的有效期很短，适宜作为追肥；有机肥需经过土壤微生物的分解才能被吸收利用，适宜作为基肥在缓慢生长期或休眠期施用。氮肥在土壤中移动性强，可浅施；磷肥在土壤中移动性差，宜深施。

③施肥的时间

施基肥的时间　在园林树木的休眠期或缓慢生长期施基肥。秋季施基肥在叶片变色脱落期为好，此时施基肥利于有机质腐烂分解，为来年园林树木的生长发育提供养分。春季施基肥在土壤解冻后至树木萌芽前，但此时施基肥有机质不能充分腐烂分解，肥效发挥较慢，在园林树木生长后期发挥作用，会造成新梢二次生长，对新梢木质化、花芽分化和果实发育不利。

追肥的时间　在园林树木快速生长期施追肥。追肥是补充矿质元素的应急措施。追肥时间和次数根据树种特性、气候、树龄和园林用途确定。观花、观果的园林树木在花芽分化期和花后追肥；其他大部分树木在新梢旺盛生长期追肥。每年的追肥次数以 1~2 次为宜，在园林树木出现严重缺素症时要及时追肥。

④施肥的方法

A. 根部施肥　首先，确定土壤施肥的范围。土壤施肥的范围就是吸收根分布的范围，其水平分布范围是从主干至树冠投影边缘的 1/3 处到树冠投影边缘，垂直分布范围是在地面以下 60cm 内。施肥的深度和广度与树种、树龄、土壤质地和肥料种类有关，深根性树种、砂地、坡地、移动性差的肥料、基肥，宜深施。施肥范围应逐年扩大。其次，采用地面施肥、开沟施肥或穴状施肥的方法施肥。

地面施肥　树体较小的园林树木，把肥料抛撒在地面进行施肥，结合松土和浇水使肥料进入土壤。地面撒施要结合浇灌以提高肥料的利用率。

开沟施肥　分为环状沟施、放射状沟施和条状沟施，以环状沟施应用较多。环状沟施的方法是沿树冠投影边缘挖宽 40~50cm、深 60~80cm 的环状沟，把肥料和表土混匀填入沟内，表层盖底土。挖环状沟时切断水平根，促进新根产生。环状沟施的施肥面积较小，适用于孤植树。放射状沟施是从主干到树冠投影边缘 1/3 处开始挖沟，一直挖到树冠投影边缘，挖 4~8 条宽 30~60cm、深 50~80cm 的放射沟，内浅外深、内窄外宽，施肥后覆土。放射状沟施适用于高大园林树木的施肥。条状沟施是在行间或株间开沟施肥，适合行列式栽植的园林树木。

穴状施肥　在树冠投影边缘两侧挖掘直径 30cm 的洞，深度按照吸收根垂直分布范围确定，在洞内施肥。

B. 根外施肥　分为叶面施肥和树干施肥。叶面施肥就是配制好肥料溶液喷到叶片表面。叶面施肥用量小、见效快，避免矿质元素在土壤中被固定，适合微量元素施肥和树体高大、根系吸收能力较弱的古树名木施肥。叶面喷肥的浓度为 0.3%~0.5%，尿素可达 2%。树干施肥就是在树干开孔注入营养液。树干施肥在园林树木移植时用于补充水分和营养物质，以提高栽植成活率。

6.4 园林树木水分管理

6.4.1 水分管理的目的
水分管理的目的是为园林树木根系的生长发育提供适宜的水分环境。

6.4.2 水分管理的内容
(1)给排水基础设施建设

根据水分环境特点和园林树木的树种特性设计建设给排水基础设施,为园林树木水分管理做好基础工作,保证土壤水分的供给。

(2)土壤水分监控和调节

园林树木养护管理过程中做好土壤水分监控,在土壤含水量不足或过多时及时灌、排水,满足园林树木对土壤水分的需求。

6.4.3 水分管理的依据
(1)树种特性

园林树木水分管理的首要工作是了解树种特性,根据树种特性进行水分管理。

(2)土壤含水量

土壤含水量是园林树木水分管理的重要依据,根据土壤含水量情况决定灌、排水时间和次数。

(3)降水量

根据降水量调控土壤水分。

(4)树木生长发育时期

园林树木在不同生长发育阶段对土壤水分的需求不同,要根据园林树木的生长发育规律管理土壤水分。休眠期和落叶期降低土壤含水量,生长期提高土壤含水量,萌芽期浇萌芽水,花期充分供水保证开花效果。

6.4.4 水分管理的方法
(1)人工浇水

①浇萌动水 在春季园林树木萌芽时浇透水,保证萌芽期水分供应,促进园林树木正常萌芽生长。

②花期浇水 在园林树木开花前浇透水,满足园林树木开花对水分的需求,保证观花效果。

③生长期浇水 在夏季园林树木旺盛生长期浇透水,满足园林树木快速生长对水分的需求。

④落叶休眠期浇冻水 在冬季土壤结冻前浇冻水,保证土壤结冻后保存大量水分,起

到保护园林树木根系的作用，并保证来年萌芽期土壤水分。

(2)控水

秋季园林树木的生长发育缓慢，要控制土壤含水量，防止枝条徒长，促进枝条木质化。

(3)收集利用天然降水

在降水少的地区利用工程技术如修筑鱼鳞坑等，收集利用天然降水。

6.5　园林树木温度管理

6.5.1　温度管理的目的

温度管理的目的是为园林树木提供适宜的温度，保证园林树木正常生长发育。

6.5.2　温度管理的内容和措施

(1)越冬防寒

在北方严寒地区，对抗寒能力差的树种采用树干涂白、平茬、埋土、浇冻水、树体喷水、遮阴和搭风障等措施保证园林树木安全越冬。

①树干涂白　在主干高度1m范围内涂白树干。涂白能够反射太阳光照，防止树干表面温度昼夜大幅度升降，避免树皮冻裂。涂白时添加石硫合剂等药剂还可起到防治病虫害的作用。

②平茬　对地上部分容易受冻、不能安全越冬的灌木和小乔木，采用平茬修剪的方法。在休眠期，将树木离地面10cm以上的部分剪去，然后埋土，在第二年萌芽时除去埋土，有利于园林树木安全越冬。

③埋土　在园林树木的根颈部位埋土，防止根颈部位受冻。也可以把树体矮小的园林树木埋入土中防寒。

④浇冻水　在土壤结冻前给园林树木浇冻水，在土壤结冻后保持土壤含水量，以保护园林树木根系安全越冬。

⑤树体喷水和遮阴　对容易受晚霜危害的园林树木，使用树体喷水和遮阴等降温措施，推迟树木萌芽，可避免晚霜危害。

⑥搭风障　对于树体高大、抗寒能力弱的园林树木，可采用搭风障的方法遮挡寒风和保温，保护树体免受低温危害。

(2)降温越夏

在高温季节，使用整形修剪、喷水、浇水等技术措施保证园林树木安全越夏。

①整形修剪　对于容易受到日灼危害的园林树木，使用整形修剪的方法调整树冠形状、大小和枝叶密度，保护树干免受日灼危害。

②喷水　在高温季节给园林树木的树冠和地面喷水，降低气温和地温，保护园林树木免受高温危害。

③浇水　在夏季为园林树木浇水，降低土壤温度，保证水分供应，使园林树木免受高温干旱的危害。

6.6 园林树木光照管理

6.6.1 光照管理的目的

光照管理的目的是为园林树木提供适宜的光照环境，保证园林树木正常生长发育。

6.6.2 光照管理的内容

根据光照特点和园林树木的生长发育特性，调节控制光照强度、光照时间和光照周期，满足园林树木生长发育对光照的要求。

6.6.3 光照管理的方法

根据园林树木的树种特性和不同生长发育阶段对光照的要求，调控光照环境。在栽植时，给园林树木提供适宜的光照；随着树体长高和树冠扩大，移植和修剪树木时保证互不遮挡阳光。喜光树种枝叶密度大，容易导致下层枝条光照不足而死亡，要在休眠期整形修剪，调节树冠大小和枝叶密度，保证树冠通风透光、枝条均匀分布。

6.7 园林树木抗风管理

在园林树木养护管理过程中要保持土壤厚度，保证土壤水分供应，促进树木根系向深层生长，增强抗风能力。对易受风害的园林树木，通过整形修剪保持树形和控制枝叶密度，从而降低风害。

思考与练习

1. 园林树木的生长环境因子有哪些？
2. 简述园林树木生长环境管理的目的。
3. 简述园林树木生长环境管理的内容。
4. 简述园林树木生长环境管理的方法。

实践教学

实践 6-1　园林树木生长环境调查

【实践目的】

学习和掌握园林树木生长环境调查的基本内容和方法，包括光照、气候、土壤、水分和空气等调查的内容和方法，为做好园林树木栽培养护工作储备技能。

【工具和材料】

皮尺、钢卷尺、手机、铁锹、镐头、纸袋、笔记本、园林树木生长环境调查记录表、笔、文件夹等。

【实践内容】

(1)光照环境调查

调查园林树木生长点的海拔高度、经度、纬度、地形、坡度、坡向、坡位、建筑物、小品等与光照有关的环境因子。

(2)气候环境调查

调查园林树木栽植地的气候特征，包括年平均气温、年极端气温、年有效积温、年降水量、年降水分布规律、年日照时数、年光照强度、年季风发生规律、灾害天气等基本情况。

(3)土壤环境调查

调查园林树木栽植地的土壤，包括土壤质地、厚度、杂质、酸碱度、有机质含量、矿质元素含量、含水量、土壤微生物等基本情况，以及地面铺装、地下管线、废弃物等。

(4)水分环境调查

调查园林树木栽植地的地下水位、地下水质、水源等基本情况，进一步调查灌溉系统、排水系统、地形、水污染等相关情况。

(5)空气环境调查

调查园林树木栽植地的空气情况，包括空气污染程度、污染源、污染物等基本情况。

(6)人为环境调查

调查人类活动对园林树木的影响，如攀爬树木、倚靠树木、踢打树木、树体悬挂物体等行为。

【实践安排】

(1)教师现场讲解和示范园林树木生长环境调查的内容和方法。

(2)在教师的指导下，学生分组完成园林树木生长环境调查工作，填写园林树木生长环境调查记录表，撰写园林树木生长环境调查报告。

(3)教师根据调查过程和调查结果对学生进行考核评价。

【实践结果】

(1)园林树木生长环境调查报告。

(2)园林树木生长环境调查记录表(表 6-1)。

表 6-1　园林树木生长环境调查记录表

调查时间：＿＿＿＿＿＿＿＿＿＿＿　　　　调查地点：＿＿＿＿＿＿＿＿＿＿＿

专业：＿＿＿＿＿　班级：＿＿＿＿＿　学号：＿＿＿＿＿＿　姓名：＿＿＿＿＿

行政区划			地理位置	
绿地名称			绿地类型	
树种名称			树种编号	
环境因子	土壤环境			
	气候环境			
	空气环境			
	水分环境			
	光照环境			
存在问题				
解决办法				
心得体会				

实践 6-2　园林树木土壤施肥

【实践目的】

学习和掌握园林树木土壤施肥的工作内容、工作流程和工作方法。

【工具和材料】

铁锹、镐头、皮尺、钢卷尺、手机、笔记本、笔、文件夹、园林树木土壤施肥记录表等。

【实践内容】

(1)制订园林树木土壤施肥方案

分析园林树木生长环境调查结果，如果存在土壤肥力不足的情况，进一步确定实施土壤施肥的肥料种类、施肥时间、施肥数量和施肥方法。

(2)园林树木土壤施肥

首先确定土壤施肥的范围和深度等，然后实施土壤施肥。要求去掉土壤杂物，四壁垂直、坑底水平，表土和底土分别堆放，结合腐熟的有机肥，将表土和有机肥混匀填入坑底。把底土覆盖在回填表土的上面，与地面水平即可，然后浇水踏实，要求踏实以后与地面保持水平。

【实践安排】

在教师的指导下，学生分组制订某一绿地的土壤施肥方案并开展园林树木土壤施肥。

(1)教师讲解园林树木土壤施肥的工作内容、工作要求和工作方法，现场示范园林树木土壤施肥的具体方法。

(2)学生以小组为单位按照要求开展园林树木土壤施肥工作。

(3)教师检查、指导各小组的土壤施肥工作，及时发现和解决工作过程中出现的问题，保证每个小组按照要求完成土壤施肥工作。

(4)每个小组选派代表汇报土壤施肥工作情况，展示园林树木土壤施肥工作现场，回答教师和其他小组同学提出的问题，最后由教师对每个小组进行评分。

【实践结果】

(1)园林树木土壤施肥现场。

(2)园林树木土壤施肥记录表(表6-2)。

(3)园林树木土壤施肥报告。

表6-2 园林树木土壤施肥记录表

施肥时间： _____   施肥地点： _____

专业： _____   班级： _____   学号： _____   姓名： _____

行政区划		地理位置	
绿地名称		绿地类型	
树种名称		园林用途	
树体大小		生长状况	
肥料种类			
施肥时间			
施肥数量			
施肥方法			
施肥工作要点			
使用工具			
施肥工作流程			
存在问题			
解决办法			
心得体会			

实践 6-3　园林树木水分管理

【实践目的】

学习和掌握园林树木水分管理的工作内容、工作流程和工作方法。

【工具和材料】

铁锹、镐头、水源、水管、手机、笔记本、笔、文件夹、园林树木水分管理记录表、园林树木栽植平面图等。

【实践内容】

(1)制订园林树木土壤水分管理方案

根据园林树木生长发育状况和园林树木生长环境调查结果，如果存在土壤水分含量不适合园林树木生长发育的情况，进一步确定实施土壤水分管理的工作方案。

(2)园林树木水分管理工作实施

按照园林树木水分管理工作方案，对特定的园林树木进行水分管理，调节土壤水分含量，保证园林树木正常生长发育。

【实践安排】

在教师的指导下，学生分组制订某一绿地的土壤水分管理方案并开展园林树木水分管理。

(1)教师讲解园林树木水分管理的工作内容、工作要求和工作方法，现场示范园林树木水分管理的具体方法。

(2)学生以小组为单位按照要求开展园林树木水分管理工作。

(3)教师检查、指导各小组的水分管理工作，及时发现和解决工作过程中出现的问题，保证每个小组按照要求完成水分管理工作。

(4)每个小组选派代表汇报水分管理工作情况，展示园林树木水分管理工作现场，回答教师和其他小组同学提出的问题，最后由教师对每个小组进行评分。

【实践结果】

(1)园林树木水分管理现场。

(2)园林树木水分管理记录表(表6-3)。

(3)园林树木水分管理报告。

表 6-3　园林树木水分管理记录表

工作时间：_____　　工作地点：_____

专业：_____　班级：_____　学号：_____　姓名：_____

行政区划		地理位置	
绿地名称		绿地类型	
树种名称		树种编号	
栽植方式		园林用途	
气候特征			
树种需水特性			
灌排水设施			
供水状况			
生长状况			
水分管理方案			
水分管理工作过程			
存在问题			
解决办法			
心得体会			

单元7 园林树木整形修剪

园林树木整形修剪就是对园林树木的根系、枝干、叶、花、果实和芽等树体部分进行修剪，培养树形，调节生长发育和开花结果的树体管理方法。

7.1 整形修剪目的

（1）调节树体大小和形状

通过整形修剪调节和控制园林树木的树体大小和形状，营造与周边环境相协调并充分展示园林树木特性的优美景观。

（2）调节开花结果数量和质量

通过整形修剪调节和控制园林树木的花芽分化、开花、结果和果实生长发育，提高开花结果的数量和质量，控制花期，更好地发挥园林树木观花和观果的作用。

（3）调节生长势

通过整形修剪调节和控制园林树木的生长势，提高园林树木的抗性，减少病虫害的发生，保证园林树木的正常生长发育，使园林树木发挥良好的园林绿化作用。对于古树名木和树势衰弱的园林树木，使用重剪的方法促进生长，恢复树势。

7.2 整形修剪依据

(1)树种特性

园林树木整形修剪的首要依据是树种特性，包括分枝方式、萌芽力、成枝力、花芽分化、开花结果习性和休眠等，根据树种特性来决定园林树木整形修剪时间和方法。

(2)树龄

不同树龄的园林树木生长发育状况不同，整形修剪的目的和方法不同。幼树期园林树木整形修剪的目的是尽快扩大树冠和培养良好的树形；盛果期园林树木整形修剪的目的是调节营养生长与生殖生长的平衡，保持树体稳定和美观；衰老期园林树木整形修剪的目的是更新树冠和恢复生长势。

(3)生长势

园林树木的生长势不同，整形修剪的目的和方法不同。对于生长旺盛的园林树木采用轻剪和缓放的修剪方法，以缓和生长势，保持良好的生长发育状况和树形，发挥最佳的景观和绿化作用。对于生长势较弱的园林树木采用回缩、平茬和截干等较重的修剪方法，以促进新梢萌发和树冠更新，恢复生长势，发挥良好的绿化效果。

(4)其他

绿篱整形修剪要根据群体造型要求进行；庭荫树整形修剪要根据其游憩和休闲功能进行。主景区或规则式园林中应当精细修剪；游园和风景区中应当粗放修剪，保持园林树木自然树形。

园林树木的整形修剪还要考虑园林树木与周边环境的协调和统一，通过整形修剪使园林树木与周边的建筑物、道路和园林小品等互不影响，相得益彰，营造和谐优美的景观效果。如在门厅两侧可选用规则式整形，在高楼前可选用自然式整形；在空旷风大的区域要控制树木的高度和树形，降低大风危害。

7.3 整形修剪时间

(1)休眠期整形修剪

休眠期整形修剪又称为冬季修剪。休眠期整形修剪造成的树体养分损失较少，对园林树木生长发育的影响也较小，大部分园林树木适宜在休眠期整形修剪。休眠期整形修剪的具体时间根据气候特征和树种特性确定，在冬季较温暖的地方修剪宜早，在冬季严寒的地方应稍晚修剪。有的树种在休眠期整形修剪会出现伤流，在萌芽期整形修剪比较适宜。

(2)生长期整形修剪

园林树木生长期生命活动旺盛，进行抽枝、展叶、开花、结果和果实生长发育，是发挥绿化作用的关键时期。生长期整形修剪对园林树木的生长发育影响较大，因此整形修剪要轻。

7.4 整形修剪工具

(1)修枝剪

修枝剪包括普通修枝剪、绿篱剪和高枝剪。普通修枝剪用于修剪直径 3cm 以下的枝条，绿篱剪用于修剪绿篱，高枝剪用于修剪高大树木。

(2)修枝锯

修枝锯包括单面修枝锯和高枝锯，一般用于修剪树木的大枝。

(3)油锯

油锯是一种用汽油机作动力的修剪工具，用于修剪大枝和树干。

(4)绿篱机

绿篱机是一种用于修剪绿篱和色块的机动工具。

7.5 整形修剪方式

(1)自然式

自然式整形修剪是在自然树形的基础上进行适当修剪保持近自然树形的整形修剪方式。该整形方式能够展现园林树木的自然美。自然式整形要求在幼树期加强整形修剪，培养美观的树形。

(2)规则式

规则式整形修剪是将园林树木修剪成几何体、建筑物或动物等非树木自然形状的整形修剪方式。该整形方式适用于萌芽力和成枝力强的耐修剪树种，常见的树形有几何形、建筑形和动物形等(图 7-1)。

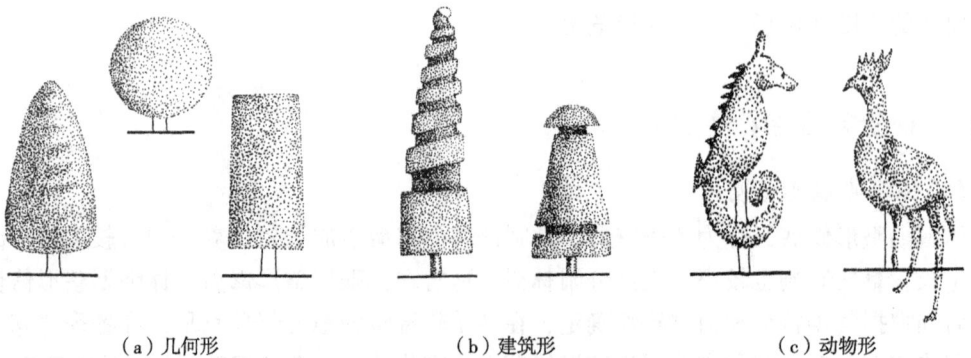

(a)几何形   (b)建筑形   (c)动物形

图 7-1 规则式整形的树形

(3)混合式

混合式整形修剪是在自然树形的基础上进行适当修剪，把树木修剪为人工树形与自然树形的结合体的整形修剪方式。

7.6　常见树形

(1) 自然开心形

主干高度 40~60cm。主干上着生 3 个主枝，3 个主枝水平夹角为 120°，每个主枝上着生 2 个侧枝，共 6 个侧枝，每个侧枝上生长 2 个延长头，形成"三股、六杈、十二头"的树形。适用于极喜光的树种，要求树形开张，树冠通风透光，利于生长发育和开花结果。

(2) 杯状形

主干分枝点较低，3~4 个主枝错落分布，呈放射状生长，树冠向外展开，树冠中心没有枝条，能够较好地利用空间。

(3) 单轴主干形

单轴主干强，单轴主干上分层分布多个主枝，又称为疏散分层形 (图 7-2)。适用于干性强的树种，能够形成高大的树冠，是庭荫树和孤赏树的适宜树形。

(4) 多主干形

有 2~4 个主干，主干上分层生长侧生主枝，形成优美的树冠 (图 7-3)。适用于花灌木。

图 7-2　单轴主干形树形　　　　　图 7-3　多主干形树形

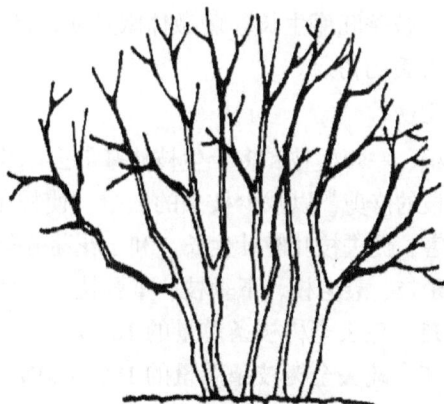

(5) 丛生形

主干上着生多个主枝，呈丛状，叶幕较厚，观赏效果较好。适用于小乔木或者灌木。

(6) 棚架形

在棚架旁边栽植藤木，藤木攀缘棚架向上生长，形成独特的树形。

(7) 篱壁形

将篱植和在墙面生长的园林树木修剪成篱壁形。

7.7　整形修剪方法

园林树木整形修剪的方法按照修剪时间分为休眠期整形修剪方法和生长期整形修剪方

法两大类，休眠期整形修剪方法有短截、回缩、疏枝、缓放、截干、平茬和修根，生长期整形修剪方法有摘心、剪梢、抹芽、除萌、疏花、疏果和摘叶。

7.7.1 休眠期整形修剪方法

(1)短截

把一年生枝剪去一截的修剪方法称为短截。短截能够刺激剪口下侧芽萌生新梢，促进园林树木营养生长，调节树体大小和树形，利于花芽分化和开花结果。

①轻短截　剪去一年生枝的 1/4~1/3，如在春秋梢交界处短截(打盲节)，或在秋梢上短截。轻短截后萌发中、短枝，能缓和树势，利于花芽分化。

②中短截　剪去一年生枝的 1/3~1/2，剪口下萌发形成较多的中、长枝，成枝力和生长势较强。一般用于延长枝和复壮枝的修剪。

③重短截　剪去一年生枝的 2/3~3/4，萌发枝条长势较旺。一般用于恢复生长势，改造徒长枝和竞争枝。对移植树木重短截，有利于栽植成活和恢复生长势。

④极重短截　一年生枝留基部 1~2 个芽短截，一般会萌发出 1~2 个弱枝，有时也能萌发出强枝。一般用于处理竞争枝。

(2)回缩

把多年生枝剪去一截的修剪方法称为回缩，又称缩剪。一般用于衰老枝的更新复壮，刺激剪口下枝条旺盛生长，刺激休眠芽萌发产生健壮的枝条，恢复衰老枝的生长势。也可以用于培育新的树冠。

(3)疏枝

把新梢、一年生枝和多年生枝从基部去掉的修剪方法称为疏枝，又称疏剪或疏删。一般用于过密枝的修剪，以减少枝条的数量，使枝条分布均匀，树冠通风透光，增加光合产物，减少病虫害，促进枝叶健壮生长，利于花芽分化和开花结果。一般疏去病虫枝、伤残枝、干枯枝、过密枝、衰老枝、下垂枝、重叠枝、并生枝、交叉枝、竞争枝、徒长枝和根蘖枝等。

①轻疏　疏去全树枝条总量的 10%以下。

②中疏　疏去全树枝条总量的 10%~20%。

③重疏　疏去全树枝条总量的 20%以上。

萌芽力和成枝力强的树种，疏枝强度可大些；萌芽力和成枝力弱的树种，要尽量少疏枝。花灌木宜轻疏枝，以提早花芽分化和开花。生长旺盛的幼树一般不疏枝，促进树体迅速长大成形。成年树的生长旺盛期，为调节营养生长与生殖生长的平衡，要适当中疏。衰老期树木枝条较少，疏去少量枝条即可。

(4)缓放

对枝条不做修剪任其自然生长称为缓放。对幼树和旺盛生长的园林树木可用缓放的方法缓和树势，促进提早开花结果。长势中庸的树木、平生枝和斜生枝缓放效果更好。

(5)截干

把乔木的主干截断的修剪方法称为截干。将主干在一定的高度截断，去掉原树冠，刺激主干潜伏芽萌发新梢，形成新的树冠。需要注意的是，截干的方法只能用于潜伏芽寿命长、萌芽力和成枝力强的树种。

（6）平茬

在近地面处把乔木的主干和灌木的主枝截断，去掉树木地上部分的修剪方法，称为平茬。一般用于抗寒能力较弱的灌木的越冬防寒。对于当年形成花芽当年开花的灌木，采用平茬的方法进行树冠更新，可取得较好的观花效果。也可在灌木移植时平茬，移栽后长出新的树冠。乔木幼树生长发育几年后平茬，可以培养出比原主干强壮笔直的主干。

（7）修根

休眠期结合土壤深翻对园林树木的根系进行修剪。常用于大树移植前剪断过长的根系，提高根系密度，缩小吸收根分布范围。对生长衰弱的园林树木结合扩穴施肥进行修根，刺激根系生长发育，有利于恢复生长势。

7.7.2　生长期整形修剪方法

（1）摘心

在生长期把新梢的生长点（即新梢的顶端）去掉的修剪方法称为摘心。摘心的目的是解除新梢的顶端优势，促进新梢侧芽萌发，增加新梢数量，促进新梢花芽分化，利于开花结果。园林树木摘心的具体时间依树种特性和栽培目的确定。为了多发侧枝，扩大树冠，宜在新梢旺盛生长时摘心；为了促进观花植物花芽分化和开花，宜在新梢生长缓慢时摘心；观叶植物摘心不受成花因素的限制，可在生长季节根据植株的长势随时摘心。

（2）剪梢

在生长期将新梢剪去一截的修剪方法称为剪梢。剪梢的目的是控制新梢的长度，解除新梢的顶端优势，抑制新梢生长，促使新梢侧芽萌发，促进花芽分化。剪梢比摘心晚，去掉枝叶较多，消耗树体营养，因此要优先使用摘心的方法控制新梢生长。绿篱在生长季节需要多次剪梢，以控制绿篱造型和枝叶密度，提高绿篱观赏效果。

（3）抹芽

将萌发的叶芽除去的修剪方法称为抹芽。抹芽的目的是控制园林树木的生长点，减少树体的养分消耗，改善树木的光照条件，培养良好的树形，降低冬季修剪的工作量。抹芽要在萌芽时及时进行，越早越好。

（4）除萌

把叶芽萌发产生的新梢从基部剪去的修剪方法称为除萌，也称为除蘖。除萌的作用与抹芽相同，能够控制新梢的数量，调节枝条密度和树形，但除萌是在新梢长出后再去掉，效果比抹芽差，要优先使用抹芽的方法控制园林树木的生长点。嫁接和移栽的树木要做好抹芽和除萌的工作。

（5）疏花

把花蕾和花朵去掉的修剪方法称为疏花，又称摘花或剪花。疏花的目的是控制开花结果数量，提高开花结果的质量，及时去掉残花，促进新梢萌生和花芽分化，保持花期的稳定性和连续性，提高花期的观赏效果。

（6）疏果

把果实去掉一部分的修剪方法称为疏果。疏果的目的是去掉生长不良的小果、病虫果和过多的果实，控制果实数量，提高果实质量，同时节约树体营养，利于枝条生长、花芽分化和开花结果。

（7）摘叶

把叶片去掉的修剪方法称为摘叶。摘除黄化叶片、老化叶片、寄生叶片和病虫叶片，利于园林树木生长发育。移栽园林树木时，摘叶可减少蒸腾面积，利于保持树体水分，有助于移栽成活。

7.8 整形修剪工作程序

7.8.1 现场调查

现场调查园林树木的种类、数量、规格、园林用途、栽植方式、生长习性、生长状况、生长环境等基本情况。

7.8.2 制订方案

在现场调查的基础上，根据园林树木的树种特性、生长状况、园林用途和生长环境等基本情况制订整形修剪工作方案，包括整形修剪的对象、目的、时间、方法、工具、人员、材料、防护用品、安全措施和废弃物处理等相关内容。

7.8.3 实施修剪

严格按照整形修剪工作方案开展整形修剪工作，做到树体大小适宜、树形美观、生长发育良好、开花结果适量，同时注意修剪工作安全实施。

7.8.4 场地清理

清理修剪工作场地，集中处理枝、叶和花果等废弃物，保证场地清洁。

7.8.5 检查验收

整形修剪工作结束后进行检查验收，对发现的问题及时解决，同时总结整形修剪工作的经验。

7.9 整形修剪工作要点

7.9.1 剪口芽选留

剪口下的第一个芽称为剪口芽。一般在剪口芽上方 1cm 处短截枝条，要求剪口平滑整齐。剪口芽的着生位置和饱满程度决定了剪口芽萌生新梢的生长位置、生长方向和生长速度，因此在修剪时要精心选留剪口芽。

7.9.2 大枝修剪

疏除较大枝条时从分枝点上部斜向下锯，留桩 1~2cm，做到锯口平滑整齐，有助于愈合。回缩和疏除多年生大枝时，要避免大枝因自重折断。疏除直径 10cm 以上的大枝时用三锯法，先在拟锯断处前方约 25cm 处从下向上锯 1/3，然后在锯口前方 5cm 处从上向下锯断枝条，最后向下锯断残桩；疏除直径 10cm 以下的大枝时用两锯法，先从下向上锯

1/3，然后从上向下锯断枝条。

7.9.3 剪口和锯口处理

整形修剪时剪断和锯断枝条留下的伤口分别称为剪口和锯口。要求剪口和锯口整齐，为平口或斜口(一般是平口)。在修剪时给较大的剪口和锯口用硫酸铜溶液消毒，再涂抹保护剂，用于保护伤口，利于伤口愈合。

7.10 不同应用形式园林树木整形修剪

7.10.1 庭荫树整形修剪

庭荫树整形修剪的目的是使树木保持适宜的主干高度、美观的树形和适宜的枝叶密度，营造树下活动空间，表现良好的遮阴效果。庭荫树一般保持自然树形，在休眠期将主干上过低的主枝疏除，保持一定的主干高度，同时疏除树冠内的过密枝、伤残枝、枯死枝、病虫枝和扰乱树形的枝条，保持枝叶均匀分布和密度适宜，使树冠通风透光，减少病虫害，保证园林树木的正常生长发育。

7.10.2 行道树整形修剪

行道树整形修剪的目的是保持主干高度和树形。首先是调节主干高度，主干高度要保持在 3~4m，保证行人和车辆在树下安全通行；其次是调节树冠内部枝条分布和密度，培养整齐美观的树形，同时保持树冠内部通风透光，保证树体正常生长发育。一般使用疏枝的方法去掉主干上生长位置过低的主枝，然后使用疏枝和回缩的方法调节树冠内部枝条分布和枝叶密度。

7.10.3 花灌木整形修剪

花灌木整形修剪的目的是培养整齐美观的树形、调节花芽分化和开花结果，保证良好的观花效果。

(1)春季开花的花灌木整形修剪

大部分花灌木在夏秋季进行花芽分化，在第二年的春季开花。整形修剪以冬季休眠期修剪为主，夏季修剪为辅。冬季修剪的方法以疏枝和回缩为主，疏除病虫枝、干枯枝、过密枝、交叉枝、徒长枝和影响树形的枝条，培养整齐美观的树形，同时注意保护花芽，保证来年观花效果。春季开花结束后，使用短截的方法修剪一年生枝，刺激萌发更多的新梢，利于来年开花。

(2)夏秋季开花的花灌木整形修剪

在新梢上进行花芽分化、夏秋季开花的花灌木，如八仙花、紫薇、木槿、棣棠、月季等，在休眠期使用回缩、截干和平茬的方法适当重剪，可调节和培养树形，促进来年新梢萌发和生长发育，保证在夏秋季呈现良好的观花效果。在夏秋季开花后剪花枝，可促进花枝上萌发新梢，在新梢上继续进行花芽分化和开花，取得连续不断的观花效果。

7.10.4 绿篱整形修剪

绿篱整形修剪的目的是保持绿篱的造型和体量，保证绿篱正常生长发育，表现出良好的景观效果。保持矮篱高度在 0.5m 以下，中篱高度为 0.5~1.0m，高篱高度为 1.0~1.6m，绿墙高度在 1.6m 以上。绿篱栽植时使用平茬或回缩的方法重剪，可刺激萌发较多新梢，尽快成型。绿篱在休眠期重剪培养造型，在生长期多次剪梢保持造型，可使绿篱表面平整，造型的高度、宽度和长度适宜。对于衰老期的绿篱或者造型较差的绿篱，可在休眠期使用回缩或者平茬的方法重剪，在生长期多次剪梢培养整齐美观的造型。

7.10.5　片林整形修剪

片林整形修剪的首要目的是保持树与树之间的距离，给每一株树木提供适宜的生长空间；其次是调整树形，保持主干高度，给游人提供林下活动空间；最后是调节枝叶密度，改善通风透光条件，保证树木正常生长发育。因此，片林整形修剪主要使用疏枝和回缩的方法，解决树冠相接、主干高度不足、枝叶分布不均和枝叶密度过大的问题。

7.11　不同观赏特性园林树木整形修剪

7.11.1　观花和观果树木整形修剪

观花和观果树木整形修剪的目的是表现良好的观花和观果效果，如金银木、枸杞、火棘等。整形修剪时主要是疏除过密枝，确保树冠通风透光，减少病虫害，促进开花和果实着色，提高观赏效果。

7.11.2　观枝树木整形修剪

观枝树木整形修剪的目的是表现良好的观枝效果。如红瑞木、棣棠等，为了延长枝条观赏期，一般在冬季不修剪，在第二年早春萌芽前使用回缩和疏枝的方法进行重剪，促进萌发较多新梢，在冬季表现良好的观枝效果。

7.11.3　观姿树木整形修剪

观姿树木整形修剪的目的是培养美观的树形。如垂枝桃、垂枝梅、龙爪槐、合欢和鸡爪槭等，一般使用回缩、疏枝和短截的方法在休眠期进行精细修剪，调节枝条分布和密度及枝条长度，表现出良好的观树形效果。

7.11.4　观叶树木整形修剪

观叶树木整形修剪的目的是表现出良好的观叶效果。一般在休眠期进行适当修剪，保持树形，调节枝条密度和生长势，保证树体通风透光，使树木在生长期能够健壮生长，保证叶片数量和质量。

7.12　常见园林树木整形修剪

7.12.1　榆叶梅整形修剪

榆叶梅是园林绿地中常用的优良花灌木，在夏秋季花芽分化，来年春季开花。榆叶梅整形修剪的目的是调节开花数量和质量，表现良好的观花效果。榆叶梅花芽分化较多，在休眠期回缩或疏除过密大枝，保持树冠整齐美观，使树体枝条分布均匀即可。在春季花期结束以后对一年生枝进行短截，疏除果实，可促进新梢萌发和花芽分化，保证来年的观花效果。

7.12.2　月季整形修剪

月季是传统的优良花灌木，在生长季节多次花芽分化、多次开花。月季整形修剪的目的是促进萌发优质新梢，调节枝条数量和质量，表现良好的观花效果。一般在休眠期使用回缩和平茬的方法修剪月季的树冠，保证安全越冬。在春季萌芽时选留强壮的新梢培养成开花枝，控制好开花枝的数量和质量。在新梢开花以后剪梢，去掉残花，促进继续萌发新梢和花芽分化，保证持续开花，开花后再次剪梢。

7.12.3　牡丹整形修剪

牡丹是传统的优良花灌木，整形修剪的目的是保证观花效果。新栽植的牡丹在第二年要将花芽全部除去，集中营养保证植株生长发育。栽植后 2~3 年进行整枝，保留强壮枝条，除去基部萌蘖。疏花是牡丹整形修剪的重要工作，在现蕾早期选留一定数量的饱满花芽(5~6 年生植株保留 3~5 个花芽即可)，可控制开花数量，保证开花质量。

7.12.4　紫藤整形修剪

紫藤是观姿和观花效果极佳的藤木，在园林中栽植较多，整形修剪的目的是在花期表现极佳的观花效果。一般在休眠期采用疏枝的方法去掉细弱枝条，对选留的主枝进行短截和回缩，培育生长发育良好的主枝和侧枝。生长期注意牵引枝条，使枝条均匀分布于棚架表面，利于通风透光和花芽分化，提早开花。

7.12.5　丁香整形修剪

丁香是传统的优良花灌木，夏秋季花芽分化，第二年春季开花，树形以自然树形为好。丁香的花芽是顶花芽，可在休眠期使用疏枝和回缩的方法调节枝条密度(不能对一年生枝进行短截，以保留顶花芽在第二年春季开花)。生长期在花后抹芽和除萌，可控制新梢数量，促进新梢正常生长发育和花芽分化。丁香萌芽力和成枝力强，潜伏芽寿命较长，耐修剪，在丁香树冠老化或残缺不全时，采用平茬的方法将老树冠或残缺树冠去掉，可刺激休眠芽萌发长出新的树冠。

7.12.6　连翘整形修剪

连翘是传统的优良花灌木，在春季开花，花量大、花色鲜艳、花期长，新梢生长量大，一年生枝长达 1~2m，树形美观，树姿优美。连翘整形修剪的目的是表现良好的观花效果。一般在休眠期采用疏枝和回缩的方法进行修剪，选留好主枝，培养整齐美观的树冠。生长期修剪是在花后短截一年生枝，促发新梢，促进新梢花芽分化，保证来年开花。树冠老化时使用平茬的方法进行树冠更新。

7.12.7　碧桃整形修剪

碧桃是优良的观花小乔木，极喜光，新梢上形成大量的花芽，春季开花，花多、花艳、花美，观花效果极佳。碧桃整形修剪的目的是保持树冠通风透光，避免下部枝条光照不足而死亡，表现良好的观花效果。碧桃常用树形为自然开心形，休眠期修剪要注意骨干枝的配置和保持树冠的厚度，培养树形。对一年生枝进行短截(主枝延长头留 30~40cm 短截，其余一年生枝留 10~20cm 短截)，疏除过密枝条，控制一年生枝的数量和质量，调节来年开花数量和质量。可在生长期进行花后修剪，使用抹芽和除萌的方法控制新梢数量和质量。

思考与练习

1. 简述园林树木整形修剪的概念。
2. 简述园林树木整形修剪的目的。
3. 简述园林树木整形修剪的时间。
4. 简述园林树木冬季修剪的方法。
5. 简述园林树木夏季修剪的方法。
6. 简述园林树木整形修剪的方式。
7. 简述园林树木整形修剪的工作程序。

实践教学

实践 7-1　行道树整形修剪

【实践目的】

学习和掌握行道树整形修剪的目的、工作内容、工作程序和工作方法。

【工具和材料】

修枝剪、修枝锯、梯子、笔记本、笔、文件夹、行道树整形修剪记录表、行道树栽植平面图等。

【实践内容】

(1)行道树基本情况调查

调查行道树的栽植地点、栽植方式、栽植密度、树种特性、生长发育状况等基本情况。

(2)道路交通状况调查

调查行道树所绿化道路的交通状况，主要是调查行道树对道路交通的影响。

(3)制订行道树整形修剪工作方案

根据行道树基本情况和道路交通状况调查结果，制订行道树整形修剪工作方案，内容包括：行道树整形修剪时间、修剪工具、修剪方法和注意事项等。

(4)行道树整形修剪工作实施

按照行道树整形修剪工作方案，对特定的行道树实施整形修剪。

(5)整形修剪工作检查验收

在行道树整形修剪工作完成以后，对整形修剪工作进行检查验收，对存在的问题进行整改。

【实践安排】

在教师的指导下，学生分组在某一道路调查行道树基本情况、道路交通状况，制订行道树整形修剪工作方案，并开展行道树整形修剪。

(1)教师讲解行道树整形修剪的工作内容、工作要求和工作方法，现场示范行道树整形修剪的具体方法。

(2)学生以小组为单位严格按照整形修剪技术要求和安全操作要求开展行道树整形修剪工作。

(3)教师检查、指导各小组开展整形修剪工作，及时发现和解决工作过程中出现的问题，保证每个小组按照要求完成行道树整形修剪工作。

(4)每个小组选派代表汇报行道树整形修剪工作情况，展示行道树整形修剪工作现场和修剪结果，回答教师和其他小组同学提出的问题，最后由教师对每个小组进行评分。

【实践结果】

(1)完成整形修剪的行道树。

(2)行道树整形修剪记录表(表 7-1)。

(3)行道树整形修剪报告。

表7-1 行道树整形修剪记录表

修剪时间：_____ 修剪地点：_____

专业：_____ 班级：_____ 学号：_____ 姓名：_____

行政区划		地理位置	
道路名称		道路概况	
树种名称		树种编号	
栽植方式		栽植密度	
树种特性			
生长发育状况			
修剪思路			
修剪工具			
修剪方法			
注意事项			
安全措施			
场地清理			
存在问题			
解决办法			
心得体会			

实践 7-2　绿篱整形修剪

【实践目的】

学习和掌握绿篱整形修剪的工作内容、工作流程和工作方法。

【工具和材料】

修枝剪、修枝锯、梯子、绿篱机、笔记本、笔、文件夹、绿篱整形修剪记录表。

【实践内容】

(1)绿篱基本情况调查

调查绿篱树种、栽植地点、栽植密度、树种特性、生长发育状况等基本情况。

(2)绿篱生长环境调查

调查绿篱栽植地的自然环境和园林绿地类型，主要是调查绿篱在园林绿地中的生态作用和景观作用。

(3)制订绿篱整形修剪工作方案

根据绿篱基本情况和生长环境调查结果，制订绿篱整形修剪工作方案。内容包括：绿篱整形修剪时间、修剪工具、修剪方法和注意事项等。

(4)绿篱整形修剪工作实施

按照绿篱整形修剪工作方案，对绿篱实施整形修剪。

(5)整形修剪工作检查验收

对完成的绿篱整形修剪工作进行检查验收，包括完成整形修剪的绿篱树体和整形修剪工作场地的检查验收。

【实践安排】

在教师的指导下，学生分组在某一绿地调查绿篱基本情况、绿篱生长环境，制订绿篱整形修剪工作方案，并开展绿篱整形修剪。

(1)教师讲解绿篱整形修剪的工作内容、工作要求和工作方法，现场示范绿篱整形修剪的具体方法。

(2)学生以小组为单位严格按照整形修剪技术要求和安全操作要求开展绿篱整形修剪工作。

(3)教师检查、指导各小组开展整形修剪工作，及时发现和解决工作过程中出现的问题，保证每个小组按照要求完成绿篱整形修剪工作。

(4)每个小组选派代表汇报绿篱整形修剪工作情况，展示绿篱整形修剪工作现场和修剪结果，回答教师和其他小组同学提出的问题，最后由教师对每个小组进行评分。

【实践结果】

(1)完成整形修剪的绿篱。

(2)绿篱整形修剪记录表(表 7-2)。

(3)绿篱整形修剪工作报告。

表 7-2 绿篱整形修剪记录表

修剪时间：_____　　　　修剪地点：_____

专业：_____　　班级：_____　　学号：_____　　姓名：_____

行政区划		地理位置	
绿地名称		绿地类型	
绿篱树种		绿篱编号	
绿篱规格		栽植密度	
树种特性			
生长发育状况			
修剪思路			
修剪工具			
修剪方法			
注意事项			
安全措施			
场地清理			
存在问题			
解决办法			
心得体会			

实践 7-3　碧桃整形修剪

【实践目的】

学习和掌握碧桃整形修剪的工作内容、工作流程和工作方法。

【工具和材料】

修枝剪、修枝锯、梯子、手机、笔记本、笔、文件夹、碧桃整形修剪记录表、道路绿化现状平面图等。

【实践内容】

(1)碧桃基本情况调查

调查碧桃的栽植地点、栽植方式、栽植密度、树体大小、树种特性、生长发育状况和园林用途等基本情况。

(2)碧桃生长环境调查

调查碧桃栽植地的自然环境和园林绿地类型,主要是调查碧桃在园林绿地中的生态作用和景观作用。

(3)制订碧桃整形修剪工作方案

根据碧桃基本情况和生长环境调查结果,制订碧桃整形修剪工作方案,内容包括:碧桃整形修剪时间、修剪工具、修剪方法和注意事项等。

(4)碧桃整形修剪工作实施

按照碧桃整形修剪工作方案,对碧桃实施整形修剪。

(5)整形修剪工作检查验收

对完成的碧桃整形修剪工作进行检查验收,包括完成整形修剪的碧桃树体和整形修剪工作场地的检查验收。

【实践安排】

在教师的指导下,学生分组在某一绿地调查碧桃基本情况、碧桃生长环境,制订碧桃整形修剪工作方案,并开展碧桃整形修剪。

(1)教师讲解碧桃整形修剪的工作内容、工作要求和工作方法,现场示范碧桃整形修剪的具体方法。

(2)学生以小组为单位严格按照整形修剪技术要求和安全操作要求开展碧桃整形修剪工作。

(3)教师检查、指导各小组开展整形修剪工作,及时发现和解决工作过程中出现的问题,保证每个小组按照要求完成碧桃整形修剪工作。

(4)每个小组选派代表汇报碧桃整形修剪工作情况,展示碧桃整形修剪工作现场和修剪结果,回答教师和其他小组同学提出的问题,最后由教师对每个小组进行评分。

【实践结果】

(1)完成整形修剪的碧桃。

(2)碧桃整形修剪记录表(表 7-3)。

(3)碧桃整形修剪报告。

表 7-3　碧桃整形修剪记录表

修剪时间：_____　　　修剪地点：_____

专业：_____　　班级：_____　　学号：_____　　姓名：_____

行政区划		地理位置	
绿地名称		绿地类型	
碧桃数量		栽植方式	
栽植密度		树体大小	
树种特性			
生长发育状况			
园林用途			
修剪思路			
修剪工具			
修剪方法			
注意事项			
场地清理			
安全措施			
存在问题			
解决办法			
心得体会			

实践7-4　龙爪槐整形修剪

【实践目的】

学习和掌握龙爪槐的生物学特征及龙爪槐整形修剪的工作内容、工作流程和工作方法。

【工具和材料】

修枝剪、修枝锯、梯子、手机、笔记本、笔、文件夹、龙爪槐整形修剪记录表。

【实践内容】

(1)龙爪槐基本情况调查

调查龙爪槐的栽植地点、栽植方式、树种特性、生长发育状况和园林用途等基本情况。

(2)龙爪槐生长环境调查

调查龙爪槐栽植地的自然环境和园林绿地类型，主要是调查龙爪槐在园林绿地中的生态作用和景观作用。

(3)制订龙爪槐整形修剪工作方案

根据龙爪槐基本情况和生长环境调查结果，制订龙爪槐整形修剪工作方案。内容包括：龙爪槐整形修剪时间、修剪工具、修剪方法和注意事项等。

(4)龙爪槐整形修剪工作实施

按照龙爪槐整形修剪工作方案，对龙爪槐实施整形修剪。

(5)整形修剪工作检查验收

对完成的龙爪槐整形修剪工作进行检查验收，包括完成整形修剪的龙爪槐树体和整形修剪工作场地的检查验收。

【实践安排】

在教师的指导下，学生分组在某一绿地调查龙爪槐的基本情况、龙爪槐的生长环境，制订龙爪槐整形修剪工作方案，并开展龙爪槐整形修剪。

(1)教师讲解龙爪槐整形修剪的工作目的、工作内容、工作要求和工作方法，现场示范龙爪槐整形修剪的具体方法。

(2)学生以小组为单位严格按照整形修剪技术要求和安全操作要求开展龙爪槐整形修剪工作。

(3)教师检查、指导各小组开展整形修剪工作，及时发现和解决工作过程中出现的问题，保证每个小组按照要求完成龙爪槐整形修剪工作。

(4)每个小组选派代表汇报龙爪槐整形修剪工作情况，展示龙爪槐整形修剪工作现场和修剪结果，回答教师和其他小组同学提出的问题，最后由教师对每个小组进行评分。

【实践结果】

(1)完成整形修剪的龙爪槐。

(2)龙爪槐整形修剪记录表(表7-4)。

(3)龙爪槐整形修剪工作报告。

表 7-4 龙爪槐整形修剪记录表

修剪时间： _____ 修剪地点： _____

专业： _____ 班级： _____ 学号： _____ 姓名： _____

行政区划		地理位置	
绿地名称		绿地类型	
栽植方式		栽植数量	
树木规格		树木编号	
树种特性			
生长发育状况			
生长环境状况			
修剪工具			
修剪方法			
注意事项			
场地清理			
安全措施			
存在问题			
解决办法			
心得体会			

单元8　园林树木病虫害防治

8.1　园林树木虫害

害虫对园林树木的危害主要是在树体表面或者内部寄生，取食根系、主干、枝条、树叶、花朵或果实，影响园林树木正常生长发育，降低园林树木的观赏价值和绿化效果，严重时导致园林树木死亡。园林树木的害虫大多为昆虫。

8.1.1　昆虫形态特点

园林树木的害虫大部分为昆虫，是无脊椎动物的最大类群。世界上的昆虫有 100 多万种，占动物种类的 80%。昆虫的身体分为头、胸、腹 3 个部分，具有主要成分为几丁质的外骨骼。

（1）昆虫的头部

昆虫的头部为圆球形或椭圆球形，生长触角 1 对、复眼 1 对、单眼 2~3 个、口器 1 个。头部是昆虫的感觉和取食中心，其中口器是昆虫取食的器官，分为咀嚼式口器、刺吸式口器、虹吸式口器、锉吸式口器、舐吸式口器和嚼吸式口器。

(2)昆虫的胸部

昆虫躯体的第二段为胸部，是昆虫的运动中心，具有3对足、2对翅，区别于其他各纲。胸部的前缘由膜质颈与后头相连。昆虫的胸部分为3节：前胸—前足、中胸—中足—前翅、后胸—后足—后翅。

①昆虫的足　着生在昆虫侧腹板之间，足的基部由膜与体相连，形成膜质的基节窝。昆虫足的基本结构为基节、转节、腿节、胫节、跗节和前跗节，昆虫的足和足垫表面有感觉器官，能够感觉温热，容易受到刺激。昆虫的足具有吸收功能，防治昆虫的触杀剂便从这里进入昆虫体内，昆虫走过打药之处便会中毒。昆虫足的基本类型为步行足、跳跃足、捕捉足、开掘足、游泳足、抱握足、携粉足。

②昆虫的翅　昆虫是无脊椎动物中唯一具有翅的动物，由昆虫的背侧板向外扩展而来，对于昆虫的分布、求偶、觅食、避敌意义重大。昆虫翅的基本构造为三边、三角、三褶和四区。昆虫翅的类型分为：膜翅、复翅、半鞘翅、鞘翅、鳞翅、缨翅和平衡棒。

(3)昆虫的腹部

昆虫身体的9~11节为腹部，节与节套叠，节之间由节间膜相连，腹部可以弯曲、伸缩和扩张，对昆虫的呼吸、交尾、产卵具有重要意义。昆虫的腹部着生尾须和外生殖器，内藏内脏，为昆虫的生殖和代谢中心。

8.1.2　昆虫的生长发育特点

(1)昆虫的生殖方式

①两性生殖　通过雌性和雄性交配的方式繁殖后代，如蛾、蝶等昆虫的繁殖方式。包括伪胎生，如麻蝇的繁殖方式。

②孤雌生殖　雌性昆虫的卵不需要受精就能发育成新个体的繁殖方式。

③多胚生殖　一个成熟卵发育成两个或者两个以上个体的生殖方式，如小蜂、细蜂等寄生性昆虫。

④幼体生殖　昆虫在幼虫期进行生殖的生殖方式，如瘿蚊。

(2)昆虫的发育过程

①胚胎发育　从受精卵开始到幼虫破卵壳孵化为止的卵内发育过程。

②胚后发育　幼虫从卵中孵化出来到成虫性成熟为止的生长发育过程。

(3)昆虫的变态

昆虫生长发育过程中，伴随躯体增大，外部形态和组织也发生明显的变化，称为昆虫的变态。

①不完全变态　昆虫的一生经历卵、幼虫(若虫)和成虫3个虫态的变态类型称为不完全变态，分为渐变态、半变态和过渐变态3种类型。

②完全变态　昆虫的一生经过卵、幼虫、蛹和成虫4个虫态的变态类型称为完全变态，其幼虫与成虫的形态、习性和生活环境完全不同。

(4)昆虫的世代

从昆虫的卵或幼体离开母体到成虫性成熟产生后代的个体发育周期称为昆虫的世代。1年多代的昆虫易发生世代重叠，世代划分均从卵开始，依先后顺序称第一代、第二代。

以卵越冬的昆虫，越冬卵为第二年的第一代卵，以其他虫态越冬的昆虫均为当年的越冬代。

(5)昆虫的年生活史

昆虫在一年中生长发育的经历称为昆虫的年生活史。害虫的生活史和害虫的发生规律，是防治害虫的基本依据。

8.1.3　昆虫的习性

(1)昆虫的食性

按照昆虫取食食物的性质，分为植食性、肉食性、腐食性和杂食性；按照昆虫取食植物种类的多少，分为单食性、寡食性和多食性。

(2)昆虫的趋性

昆虫的趋性分为趋光性、趋化性和趋温性等。

(3)昆虫的假死性

一些昆虫受到刺激会表现为假死，如象甲、叶甲和金龟子。昆虫的假死便于人工捕杀。

(4)昆虫的群集性

昆虫成群聚集生活，如幼龄松毛虫。

(5)昆虫的社会性

昆虫在社会性组织中集体生活，如蜜蜂、白蚁等。

(6)昆虫的拟态和保护色

昆虫的形态和颜色一般与周围环境相同或相近，如竹节虫、尺蛾、蚱蜢和枯叶蛾等。

8.1.4　昆虫的类型

(1)鞘翅目

鞘翅目是昆虫纲中第一大目，通称甲虫，种类33万种以上，约占昆虫总数的40%。前翅呈角质化，坚硬，无翅脉，称为鞘翅，因此得名。外骨骼发达，身体坚硬，能够保护内脏器官。体型的变化甚大，适应性很强，咀嚼式口器，食性很广，有植食性(各种叶甲、花金龟)、肉食性(步甲、虎甲)、腐食性(阎甲)、尸食性(葬甲)、粪食性(粪金龟)。属完全变态昆虫。幼虫因生活环境和食性不同有各种形态。蛹绝大多数是裸蛹，稀为被蛹。

(2)鳞翅目

鳞翅目是昆虫纲中第二大目，身体和翅膀上有大量鳞片，分为蛾类和蝶类。虹吸式口器，由下颚的外颚叶特化形成，上颚退化或消失；翅2对，膜质，各有一个封闭的中室；翅上被鳞毛，组成特殊的斑纹；跗节6节；无尾须。属全变态昆虫。幼虫多足型，除3对胸足外，一般在第3~6及第10腹节各有腹足1对，但有减少及特化情况，腹足端部有趾钩；幼虫体上条纹在分类上很重要。蛹为被蛹。成虫一般取食花蜜、水等物(少数如吸果夜蛾类危害近成熟的果实)。幼虫绝大多数陆生，植食性，危害各种植物；少数水生。

（3）双翅目

双翅目包括蚊、蠓、蚋、虻、蝇等，是昆虫纲中较大的目。成虫前翅为膜质，后翅退化成平衡棒。双翅目分为长角亚目、短角亚目和环裂亚目。长角亚目的触角在 6 节以上，包括蚊、蠓、蚋，是比较低等的类群；短角亚目的触角在 5 节以下，一般 3 节，通称虻；环裂亚目就是通称的蝇。

（4）膜翅目

膜翅目包括各种蚁类和蜂类。嚼吸式口器，前、后翅的连接靠翅钩完成。该类群分布很广，已知种类有 100 000 多种。根据腹部基部是否缢缩变细，分为广腰亚目和细腰亚目。广腰亚目是低等植食性类群，包括叶蜂、树蜂、茎蜂等；细腰亚目包含膜翅目的大部分种类，包括蚁、黄蜂和各种寄生蜂等。

（5）半翅目

半翅目由异翅亚目和同翅亚目两个亚目组成，有 133 科逾 6 万种。异翅亚目即椿象，是昆虫纲的主要类群之一。半翅目昆虫的前翅在静止时覆盖在身体背面，后翅藏于其下。一些类群前翅基部骨化加厚，成为半鞘翅状，因而得名。刺吸式口器，以植物或其他动物的体内汁液为食。属不完全变态昆虫。腹部有臭腺，遇到敌害会喷射出挥发性臭液。同翅亚目包括蝉、蚜虫等。

（6）直翅目

直翅目是一类较常见的昆虫，包括螽蟖、蟋蟀、蝼蛄、蝗虫等，全世界已知有 20 000 种以上，分布很广。成虫前翅稍硬化，称为覆翅，后翅膜质。为不完全变态昆虫。若虫和成虫多以植物为食，对农林作物都有危害；少数种类为杂食性或肉食性。

8.1.5 园林树木害虫调查与识别方法

（1）调查虫粪

在地面和枝干上调查虫粪，调查蛀干害虫的排粪孔口是否有粪便和木屑散落。如天牛排出的粪便为丝状，木蠹蛾排出的粪便为粒状并黏连成串，可通过粪便形状辨别害虫。

（2）调查害虫分泌物

在枝叶部位调查蚜虫、介壳虫和粉虱等刺吸式口器的害虫分泌的蜜露或蜡质物质。

（3）调查虫卵

在枝条、叶片和叶腋处调查虫卵，比较大的卵粒和卵块是肉眼可见的，微小的卵可以使用放大镜检查。红蜘蛛的卵多在叶片背面，天幕毛虫的卵一般产在枝条上，蚜虫的卵在芽腋处，蝗虫的卵则产在土壤中。

（4）拍打树枝

拍打、晃动枝叶，调查受到惊扰即飞离的害虫。如红蜘蛛等害虫体型较小，肉眼难辨，可以在地面铺放白纸，晃动枝条，看是否有红蜘蛛。

（5）调查园林树木被害状

调查叶片、枝条被害虫啃咬的孔洞、缺刻和筛网状等症状，调查蜷缩的叶片、枝条上生长的异物和枯死枝。

（6）调查土壤痕迹

调查表土痕迹。如蝼蛄行走的土壤表面有突出痕迹，金龟子成虫在根颈处表土下潜伏，拨开表土就可找到。

8.2　园林树木病害

园林树木受到病原物的侵袭或不良环境的影响，其生理、组织和形态发生病理变化，生长发育受到显著阻碍，根系、枝、叶、花、果实和种子等器官变色、畸形或腐烂，甚至全株死亡，这种现象称为园林树木病害。

病害的特征是具有病理变化过程，从生理变化到组织变化，最后出现形态变化。

园林树木病害的症状就是感染病原微生物以后，树木的外部形态产生的相应变化，包括病状和病征两个方面。病状是指园林树木感染病原微生物以后表现出的不正常状态，所有病害都能表现出病状。病征是指病原微生物在受病园林树木上面表现出来的具体特征，只有真菌、细菌、寄生性种子植物和寄生藻类所导致的病害才能够表现出病征。

园林树木病害的症状有黄化、花叶、斑点、溃疡、腐烂、枯梢、炭疽、枯萎、畸形、疮痂、肿瘤、带化、丛枝、白粉、煤污、叶锈、霉层、菌脓、流脂或流胶等。

8.3　园林树木病虫害防治方法

8.3.1　检疫防治

检疫是指通过立法、设立机构，禁止和限制病虫、杂草等传入或传出，或者在传入后限制其继续扩展的工作。检疫的目的是禁止危险性病虫害及杂草随植物由国外传入或由国内传出，或者在传入后防止其蔓延，采取紧急措施积极消灭。

8.3.2　栽培防治

通过栽培技术措施，使环境条件不利于病虫害发生，有利于园林树木生长发育，从而消灭和控制病虫危害。栽培防治投资少，作用长久，是病虫害防治的基本方法。

（1）防治病虫害的育苗措施

①选择病虫害较少的地域作为苗木培育基地。

②破坏病虫生存场所。

③有机肥经过充分腐熟杀死害虫的卵。

④苗木生长后期少量施入氮肥，防止徒长发生蚜虫危害。

⑤在日平均气温 10℃以上时播种。

⑥杨树育苗不重茬，与刺槐、松、杉等苗木轮作。

⑦盖草帘隔离病虫。

⑧幼苗及时排水预防立枯病。

（2）防治病虫害的栽培措施

①坚持适地适树的原则，使树种特性与栽植地的环境条件相适应。

②保证园林树木生长健壮，有利于抗病虫。

③海棠类在栽植时要远离圆柏、龙柏等。

④保持树冠通风透光，减轻灰霉病、叶斑病的发生。

⑤及时剪除病虫枝叶。

⑥使用腐熟的有机肥。

⑦采用沟灌或滴灌的方法，注意排水。

⑧清除枯枝落叶，焚烧或深埋病枯残体，以减少虫源。

⑨覆盖地膜保温保湿，加速病株残体分解。

8.3.3 物理防治

（1）捕杀

利用昆虫的假死性，或者在昆虫的休眠季节进行捕杀。

（2）阻隔

①使用毒绳、毒环阻隔爬行上树和下树的害虫。

②挖障碍沟阻隔只能爬不能飞的幼虫。

③设障碍物防止害虫下树越冬、上树产卵。

（3）诱杀

①灯光诱杀　利用害虫的趋光性，采用黑光灯诱杀。如5~9月，闷热、无风、无雨、无月光的夜晚在空旷处使用频振式杀虫灯等诱杀，效果好。

②食物诱杀　利用害虫的趋化性，使用毒饵诱杀地下害虫，如蝼蛄、小地老虎；使用糖醋液诱杀梨小食心虫和地老虎；使用饵木诱杀蛀干害虫，如在繁殖期设木段诱杀天牛、小蠹虫；使用植物诱杀金龟子等。

③潜伏场所诱杀　利用害虫在某些时期喜欢某种特殊环境的习性，人为设置特定环境诱杀害虫。如在干基扎草把引诱蛾类越冬、在苗圃堆鲜草引诱地老虎化蛹等。

（4）高温杀灭

①用热水浸泡种苗，如80℃热水浸30min，可杀死昆虫幼虫。

②土壤环境热处理，如在现代温室中使用蒸汽（90~100℃）处理土壤30min，消灭病虫。

8.3.4 生物防治

利用生物及其代谢物质防治病虫害的方法称为生物防治。生物防治的优点是对人畜安全、无污染、无抗性、资源丰富、长期控制，缺点是作用慢、成本高。

（1）以虫治虫

①以昆虫或小动物为食物的昆虫，称为捕食性昆虫。捕食性昆虫用咀嚼式口器直接蚕食害虫虫体或用刺吸式口器刺入害虫体内吸食害虫体液。

②姬蜂、小茧蜂、肿腿蜂和赤眼蜂等昆虫在某个时期或终身寄生在其他昆虫的体内或体外，以寄主体液和组织为食来维持生存，最终导致寄主昆虫死亡。

（2）以菌治虫

利用病原微生物使害虫得病而死亡。

①真菌　使用接合菌的虫霉属和半知菌的白僵菌属、绿僵菌属及拟青霉属治虫。感病害虫食欲锐减、虫体萎缩，死后虫体僵硬，长出菌丝，产生孢子，随风和水流传播再侵染。

②细菌　应用较多的是芽孢杆菌属和芽孢梭菌属，通过消化道侵入虫体，导致败血症或者产生毒素使害虫死亡。感病害虫食欲减退，口腔和肛门具黏排泄物，有恶臭味，通称软化病。苏云金杆菌(Bt)通过消化道产生内毒素，使虫体颜色加深、腐败变形、软化死亡、流出黑色臭水，防鳞翅目害虫效果较好。

（3）以病毒治虫

病毒的特点是专化性强，在自然情况下只寄生1种害虫，不存在污染。害虫感染病毒后，虫体卧或悬挂在叶片或植株表面，后期流出大量液体，但无臭味，体表无丝状物。

（4）以鸟治虫

很多鸟一昼夜取食的昆虫量相当于它的体重。可以挂鸟巢防蛀干害虫。

（5）以蜘蛛和螨类治虫

蜘蛛和捕食螨同属节肢动物门的蛛形纲，以昆虫等小动物为食，是害虫的重要天敌。

（6）以激素治虫

①昆虫分泌到体外的挥发性物质能够吸引异性，用于诱杀、迷向和引诱绝育。

②昆虫体内的激素控制生长发育和脱皮，如保幼激素、脱皮激素及脑激素，也可用于防治害虫。

（7）以菌治菌

微生物生长发育过程中分泌的抗菌物质能够抑制其他微生物的生长，如用哈氏木霉菌防茉莉花白绢病。

8.3.5　化学防治

化学防治是用化学药剂来防治病虫和其他有害生物的方法。

（1）化学防治的优缺点

①优点　化学防治见效快，防治效果好，便于大面积机械作业。病虫害大发生时，化学防治是应急的有效防治方法，具有极其重要的作用。

②缺点　化学防治会引起人畜中毒、污染环境、伤害天敌、使园林树木产生药害和使病虫产生抗药性。

（2）化学防治的要点

使用选择性强、高效、低毒、低残留的农药，改变施药方式，减少用药次数，可以减少化学药剂的毒副作用。

（3）农药的类型

①按照防治对象分类　杀虫剂、杀螨剂、杀线虫剂、杀鼠剂和除草剂等。

②按照农药有效成分的性质分类　植物性农药、矿物性农药和微生物农药等。

③按照杀虫方式分类　胃杀剂、触杀剂、内吸剂、驱避剂和引诱剂等。

④按照杀菌方式分类　保护剂和治疗剂等。

⑤按照农药剂型分类　粉剂、可湿性粉剂、乳油、颗粒剂、烟雾剂、超低容量制剂、可溶性粉剂、片剂、熏蒸剂、毒笔和胶囊剂等。

（4）农药的使用方法

①粉剂　不易溶于水，一般不能加水喷雾。低浓度的粉剂供喷粉用，高浓度的粉剂用于配制毒土、毒饵、拌种和土壤处理等。粉剂使用方便，工效高，宜在早、晚无风或风力微弱时使用。

②可湿性粉剂　吸湿性强，加水后能分散或悬浮在水中。可用于喷雾、配制毒饵和土壤处理等。

③可溶性粉剂（水溶剂）　可直接兑水喷雾或泼浇。

④乳剂（也称乳油）　加水后为乳化液，可用于喷雾、泼浇、拌种、浸种、配制毒土、涂茎等。

⑤超低容量制剂（油剂）　是超低容量喷雾的专门配套农药，使用时直接喷雾，不能加水。

⑥颗粒剂和微粒剂　是用农药原药和填充剂制成颗粒的剂型，这种剂型不易产生药害。主要用于灌心叶、撒施、点施、拌种、沟施等。

⑦缓释剂　使用时农药缓慢释放，可有效延长药效期，并减轻污染和毒性，但残效期延长。用法一般同颗粒剂。

⑧烟剂　是用农药原药、燃料、氧化剂、助燃剂等制成的细粉或锭状物。这种剂型的农药受热汽化，后在空气中凝结成固体微粒，形成烟状。主要用来防治森林、设施农业病虫及仓库害虫。

（5）农药的使用原则

农药的使用要坚持经济、安全和有效的原则，从病虫害综合治理和生态安全的角度出发，做到正确选药、适时用药、交互用药、混合用药和安全用药。

（6）常用杀虫剂

①有机磷杀虫剂　是广泛使用的杀虫剂，品种多、剂型多、药效高、杀虫谱广、残留毒性低、无积累毒性，但急性毒性较高，易造成人、畜中毒（表8-1）。

表8-1　常用有机磷杀虫剂

名　称	常见剂型	作用方式	防治对象	使用方法	特　性
敌百虫	80%可溶性粉剂，90%晶体	胃毒兼触杀	多种咀嚼式口器害虫	喷雾、喷粉、拌毒饵	低毒、低残留、杀虫谱广，弱碱条件下可转变为毒性更强的敌敌畏
敌敌畏	50%、80%乳油，22%烟剂	触杀及胃毒	多种园林植物害虫	熏蒸、喷雾	中等毒性，击倒力强，残效期短，无残留，在碱性和高温条件下易分解，樱花及桃类花木对该药敏感，不宜使用

（续）

名 称	常见剂型	作用方式	防治对象	使用方法	特 性
辛硫磷	5%颗粒剂，45%、50%乳油	触杀、胃毒	鳞翅目幼虫、蚜虫、螨类、介壳虫、地下害虫	喷雾、拌种、拌土、浇灌	击倒力强、高效、低毒、残留小，光解性强，遇碱易分解
毒死蜱（乐斯本、氯吡硫磷、白蚁清、氯吡磷）	40.7%、40%乳油，5%颗粒剂，30%微乳剂	触杀、胃毒	鳞翅目幼虫、蚜虫、叶蝉、螨类、地下害虫	喷雾、拌土	中等毒性，高效，在土壤中残留期长
喹硫磷（爱卡士）	25%乳油、5%颗粒剂	强烈的触杀、胃毒和内渗	鳞翅目幼虫、蚜虫、叶蝉、蓟马、螨类	喷雾	广谱、高效、低毒、低残留，遇碱易分解，残留期短

②有机氮杀虫剂　包括氨基甲酸酯类和沙蚕毒素类。氨基甲酸酯类杀虫剂触杀性强，药效迅速，持效期较短，对害虫选择性强，对天敌较安全，一般对人、畜毒性较低，但克百威、涕灭威等毒性极高。沙蚕毒素类杀虫剂杀虫谱广，具有多种杀虫作用，速效，持效期长，对人、畜、鸟类及水生动物低毒，施用后容易分解（表8-2）。

表8-2　常用有机氮杀虫剂

名 称	常见剂型	作用方式	防治对象	使用方法	特 性
抗蚜威（辟蚜威）	50%可湿性粉剂，50%可分散粒剂，10%发烟剂、浓乳剂、气雾剂等	触杀和渗透	多种蚜虫	喷雾	中等毒性，药效迅速，残效期短，对天敌毒性低
仲丁威（巴沙、丁苯威、扑杀威）	25%、50%乳油，2%粉剂，3%微粒剂，1%乳剂，50%超低容量剂	触杀、胃毒和渗透杀卵	叶蝉、飞虱	喷雾	低毒、速效、残效期短
杀虫双	18%、25%、30%水剂	较强的触杀、胃毒，一定的内吸杀卵	鳞翅目幼虫、叶蝉、蓟马	喷雾、毒土	中等毒性，根部吸收力强

③拟除虫菊酯类杀虫剂　是人工合成的有机化合物，特点是杀虫谱广、高效、用药量少、速效性好、击倒力强，以触杀作用为主，对人、畜毒性低，不污染环境，对鱼、蜜蜂及天敌毒性高，易产生抗药性（表8-3）。

表 8-3 常用拟除虫菊酯类杀虫剂

名 称	常见剂型	作用方式	防治对象	使用方法	特 性
甲氰菊酯(灭扫利、中西农家庆、农螨丹、甲氰菊酯乳剂、分扑菊、腈甲菊酯)	10%、20%乳油,20%水乳剂,20%可湿性粉剂,10%微乳剂	触杀、胃毒及一定的忌避	鳞翅目、鞘翅目、双翅目、半翅目害虫及多种害螨	喷雾	中等毒性、速效、广谱
氰戊菊酯（速灭杀丁、敌虫菊酯、杀虫菊酯、中西杀虫菊酯、速灭菊酯、杀灭菊酯、戊酸氰菊酯、异戊氰菊酯）	20%乳油	较强的触杀作用,有一定的胃毒和拒食	鳞翅目、半翅目、双翅目害虫	喷雾	中等毒性,效果迅速,击倒力强
溴氰菊酯（凯素灵、敌杀死）	2.5%乳油,2.5%可湿性粉剂,2.5%微乳剂,25%水分散片剂	较强的触杀、胃毒	鳞翅目、鞘翅目、双翅目和半翅目害虫	喷雾	中等毒性、高效、广谱,对螨类无效,对水生生物高毒
氯氰菊酯（绿色威雷、安绿保、灭百克）	3%、8%微囊悬浮剂,4.5%水乳剂	触杀,天牛踩触时即破裂,释放出原药黏附于天牛的足跗节,通过节间膜进入体内,杀死天牛	天牛等甲虫以及食叶害虫	喷雾	高效、击倒力强、持效期长

④新烟碱类杀虫剂 是以烟碱的分子结构为模板合成的杀虫剂,作用机制独特,与常规杀虫剂没有交互抗性,高效、广谱,具有较强的根部内吸作用、触杀作用及胃毒作用,对哺乳动物毒性低,对环境安全,可有效防治半翅目、鞘翅目、双翅目、鳞翅目等害虫,可用于茎叶、土壤和种子处理(表8-4)。

表 8-4 常用新烟碱类杀虫剂

名 称	常见剂型	作用方式	防治对象	使用方法	特 性
吡虫啉（灭虫精、扑虱蚜、蚜虱净）	1.1%胶饵,10%、2.5%可湿性粉剂,5%乳油,20%可溶性粉剂,70%水分散粒剂	内吸、触杀、胃毒	蚜虫、叶蝉、蓟马以及鞘翅目、鳞翅目、双翅目害虫	喷雾、土壤处理、种子处理	广谱、高效、低毒、安全、持效期长
啶虫脒（吡虫清、啶虫咪、乙虫脒）	3%、5%、10%乳油,5%、10%、20%可湿性粉剂	较强的触杀、胃毒、渗透	蜱类、蚜虫、地下害虫等	喷雾、土壤处理	杀虫迅速,残效期长,对人、畜低毒,对天敌杀伤力小

（续）

名　称	常见剂型	作用方式	防治对象	使用方法	特　性
噻虫嗪（阿克泰）	70%种子处理可分散粉剂，25%水分散粒剂，40%氯虫·噻虫嗪水分散粒剂，300g/L氯虫·噻虫嗪悬浮剂等	胃毒、触杀、强内吸	叶蝉、粉虱、蚜虫、介壳虫、潜叶蛾、地下害虫	喷雾、种子处理	广谱、用量少、活性高、持效期长，对环境安全，对人、畜低毒
呋虫胺（呋啶胺、护瑞）	20%悬浮剂，2%颗粒剂，20%水溶性颗粒剂，20%可湿性粉剂等	触杀、胃毒、根部内吸	蚜虫、粉虱、介壳虫、蜡类、食心虫、潜叶蝇等	喷雾	用量少、速效、活性高、持效期长、杀虫谱广，对哺乳动物、鸟类及水生生物低毒

⑤昆虫生长调节剂类杀虫剂　通过抑制害虫生长发育导致害虫死亡的一类药剂，毒性低、污染小，对天敌和其他有益生物影响小。主要类型为苯甲酰脲类杀虫剂，作用方式主要是胃毒，通过抑制幼虫表皮几丁质的合成，使害虫无法蜕皮而死亡，杀虫效果缓慢（表8-5）。

表8-5　常用昆虫生长调节剂类杀虫剂

名　称	常见剂型	作用方式	防治对象	使用方法	特　性
灭幼脲（灭幼脲Ⅲ号、苏脲Ⅰ号、一氯苯隆、抑丁保、抑皮素、卡敌乐、蛾雷、猎蛾、卡死特、抑脱赛、蛾杀灵、扑蛾丹）	15%烟雾剂，25%可湿性粉剂，20%、25%、50%悬浮剂	胃毒和触杀	鳞翅目幼虫	喷雾	属几丁质合成抑制剂。广谱、迟效，一般在施药后3~4d药效明显，对人、畜低毒，对天敌安全
定虫隆（抑太保、杀铃脲、杀虫隆、定虫脲、氟伏虫脲、农美）	5%乳油	胃毒为主，兼触杀	鳞翅目、直翅目、鞘翅目、膜翅目、双翅目等害虫	喷雾	属几丁质合成抑制剂。杀虫速度慢，一般在施药后5~7d才显高效，对人、畜低毒
杀铃脲（杀虫隆、杀虫脲、氟幼灵、农梦特）	5%乳油，5%、20%悬浮剂	触杀及胃毒	鳞翅目、鞘翅目和双翅目害虫	喷雾	属几丁质合成抑制剂。广谱、高效、低毒
灭蝇胺	10%悬浮剂，20%、50%可溶性粉剂，50%、70%、75%可湿性粉剂，70%水分散粒剂	内吸	双翅目害虫	喷雾、灌根	使双翅目幼虫和蛹发生畸变，成虫羽化不全或受抑制，对人、畜低毒

（续）

名　称	常见剂型	作用方式	防治对象	使用方法	特　性
虫酰肼	15%乳油，20%、23%、24%悬浮剂，75%可湿性粉剂	胃毒	鳞翅目害虫	喷雾	促进害虫脱皮，使害虫频繁蜕皮，导致脱水饥饿而死。对人、畜低毒
抑食肼（虫死净、佳蛙、绿巧、锐丁）	20%、25%可湿性粉剂，20%胶悬剂，5%颗粒剂等	胃毒为主，兼强内吸	鳞翅目、鞘翅目、双翅目害虫	喷雾	广谱、低毒，抑制害虫进食、加速蜕皮和减少产卵，速效性较差，施药后48h见效

⑥生物源杀虫剂　对人、畜毒性较低，不污染环境，不易产生抗药性，但防治谱较窄、药效发挥慢、防治暴发性害虫效果差（表8-6）。

表8-6　常用生物源杀虫剂

名　称	常见剂型	作用方式	防治对象	使用方法	特　性
苦参碱（母菊碱、绿宝清、百草一号、绿宝灵、维绿特、碧绿）	0.2%、0.3%水剂，1%溶液，1.1%粉剂，1%可溶性液剂	触杀和胃毒	多种鳞翅目害虫、蚜虫、叶螨等	喷雾	属植物神经毒剂，广谱，对人、畜低毒
印楝素	0.3%、0.5%、0.6%、0.7%乳油	内吸、胃毒、触杀、拒食、忌避	鳞翅目、半翅目、鞘翅目等多种害虫	喷雾	属植物源杀虫剂，对人、畜、鸟类及天敌安全，无残毒，不污染环境，药效较慢，但持效期长。不能与碱性农药混用
苏云金杆菌（青虫菌、Bt、青虫灵、7216、菌杀敌、果菜净、菜虫特杀、康多惠、苏云金芽孢杆菌）	8000IU/mg、16 000 IU/mg可湿性粉剂，2000IU/μL、4000IU/μL悬浮剂	胃毒	鳞翅目、直翅目、鞘翅目、双翅目、膜翅目害虫，特别是鳞翅目害虫	喷雾、喷粉	对人、畜安全，不杀伤天敌，对植物无药害
阿维菌素（爱福丁、7051杀虫素、虫螨光、绿菜宝、阿巴美丁、阿佛菌素、白螨净、杀虫素、阿灵、辛阿乳油等）	0.5%、0.6%、1.0%、1.8%、2%、3.2%、5%乳油，0.15%、0.2%、0.5%高渗微乳油，1%、1.8%可湿性粉剂，2%、10%水分散粒剂等	触杀、胃毒和较强的渗透	双翅目、鳞翅目、鞘翅目、半翅目、螨类	喷雾	微生物源杀虫、杀螨剂，属抗生素类。对害虫致死作用较慢，对人、畜高毒

植物源杀虫剂 是利用具有杀虫活性的植物体的全部或部分作为农药或提取有效成分制成的杀虫剂,具有易降解、持效期短的特点。

微生物杀虫剂 是由害虫的病原微生物及其代谢产物加工制成的杀虫剂,一般选择性较强、不伤害天敌。

⑦其他杀虫剂

虫螨腈(除尽) 为新型吡咯类杀虫、杀螨剂,具有胃毒和触杀作用,持效期长、用药量低,用于防治各种刺吸、咀嚼、钻蛀害虫及螨类,对人、畜中等毒性。常见剂型为10%悬浮剂,可兑水喷雾使用。

茚虫威(安打、全垒打) 具有触杀、胃毒作用,作用快、残效期短,对植物及天敌安全,对人、畜低毒,防治鳞翅目害虫效果好。常见剂型为30%水分散粒剂及15%悬浮剂,兑水喷雾使用。

(7)常用杀螨剂

杀螨剂是专门用来防治蛛形纲中有害螨类的化学药剂,一般对人、畜低毒,对植物安全,没有内吸传导作用。不同种类杀螨剂对不同螨类的毒杀效果有较大差异,选用时应注意(表8-7)。

表8-7 常用杀螨剂

名 称	常见剂型	作用方式	防治对象	使用方法	特 性
噻螨酮 (尼索朗)	5%乳油,5%可湿性粉剂	触杀、胃毒	主要用于防治叶螨,对锈螨、瘿螨防效较差	喷雾	强力杀螨卵、幼螨、若螨,不杀成螨,药效迟缓,一般施药后7d才显高效,残效期长达50d,对人、畜低毒
四螨嗪 (阿波罗、螨死净)	20%、50%悬浮剂	触杀	各种害螨	喷雾	对螨卵活性强,对幼螨有一定活性,对成螨无效,持效期长,作用较慢,用药后14d才达到最高防效,对人、畜低毒
吡螨胺 (治螨特、统治)	10%乳油,10%可湿性粉剂,30%悬浮剂	触杀、渗透	多种害螨及蚜虫、粉虱等	喷雾	速效、高效,持效期长,对螨类各阶段均有活性,对人、畜低毒
浏阳霉素 (多活菌素、华秀绿、绿生)	20%复方浏阳霉素乳油、10%乳油	触杀	多种害螨,特别是有抗药性的害螨	喷雾	广谱抗生素类杀螨剂,低毒、低残留,防治效果好,对天敌安全,对鱼类有毒

（8）常用杀菌剂

①保护性杀菌剂　一般杀菌谱较广，在病菌侵入前施用可预防多种病害的发生，与内吸性杀菌剂相比，病菌不易产生抗药性（表8-8）。

表8-8　常用保护性杀菌剂

名　称	常见剂型	作用方式	防治对象	使用方法	特　性
氢氧化铜（可杀得）	77%可湿性粉剂、61.4%干悬浮剂	触杀	兼治真菌与细菌病害	喷雾	为无机铜制剂，广谱，释放的铜离子与病菌体内蛋白质起作用，导致病菌死亡。药剂扩散和黏附性好，耐雨水冲刷
代森锰锌（大生、新万生）	80%可湿性粉剂、75%水分散粒剂	触杀	霜霉病、炭疽病、疫病、各种叶斑病	喷雾	为有机硫类杀菌剂，杀菌谱广，对人、畜低毒
百菌清（达科宁、打克尼太、大克灵、四氯异苯腈、克劳优、霉必清、桑瓦特、顺天星1号）	50%、75%可湿性粉剂，10%油剂，5%、25%颗粒剂，2.5%、10%、30%、45%烟剂,5%粉剂	触杀	霜霉病、疫病、炭疽病、灰霉病、锈病、白粉病及各种叶斑病	喷雾、点燃释放烟雾	为有机氯类杀菌剂，杀菌谱广，对人、畜低毒，黏着性强，耐雨水冲刷，有较长的药效期
异菌脲（扑海因、咪鲜胺、异菌脲、桑迪恩）	50%可湿性粉剂，50%悬浮剂，5%、25%油悬浮剂	触杀	灰霉病、菌核病、叶斑病	喷雾	为氨基脲类杀菌剂，低毒、广谱。应避免与强碱性药剂混用

②内吸性杀菌剂　能渗入植物组织内部或被植物吸收，对于侵入寄主植物体内的病菌具有良好的疗效，长期使用容易产生抗药性（表8-9）。

表8-9　常用内吸性杀菌剂

名　称	常见剂型	作用方式	防治对象	使用方法	特　性
多菌灵（棉菱灵、苯并咪唑44号）	25%、50%可湿性粉剂，40%、50%悬浮剂，80%水分散粒剂	触杀	子囊菌亚门、担子菌亚门、半知菌亚门真菌引起的多种病害	种子处理、土壤处理、喷雾	干扰病菌细胞分裂，高效、广谱、低毒。不能与碱性农药混用
甲基硫菌灵（甲基托布津）	50%、70%可湿性粉剂，40%、50%胶悬剂，36%悬浮剂	触杀	子囊菌亚门、半知菌亚门真菌引起的多种病害	喷雾	在植物体内转化为多菌灵，广谱。能与多种农药混用，但不能与铜制剂混用

（续）

名 称	常见剂型	作用方式	防治对象	使用方法	特 性
三唑酮 （粉锈宁、百里通）	5%、15%、25%可湿性粉剂，10%、20%、25%乳油，20%糊剂，25%胶悬剂，0.5%、1%、10%粉剂，15%烟雾剂	触杀	各种植物的白粉病、锈病	喷雾	为三唑类杀菌剂，高效、低毒、低残留、持效期长
甲霜灵 （阿普隆、保种灵、瑞毒霉、瑞毒霜、甲霜安、雷多米尔、氨丙灵）	5%颗粒剂，25%可湿性粉剂，35%拌种剂，30%甲霜噁霉灵水剂，50%瑞毒霉加铜可湿性粉剂，58%瑞毒霉锰锌粉剂等	触杀	霜霉菌、疫霉菌、腐霉菌引起的病害	喷雾、种子处理、土壤处理	该药单独使用易产生抗药性，多用于复配制剂，低毒
烯唑醇 （速保利）	12.5%可湿性粉剂，2%、5%拌种剂	触杀	对白粉病、锈病、黑粉病和黑星病等高效	喷雾	为三唑类杀菌剂，持效期长，对人、畜低毒，对环境安全
氟硅唑 （福星）	40%乳油	触杀	对白粉病、锈病、叶斑病效果好，对鞭毛菌亚门真菌无效	喷雾	为三唑类杀菌剂，广谱、高效、低毒
苯醚甲环唑 （噁醚唑）	10%、20%、37%水分散粒剂，10%、20%微乳剂，5%、10%、20%水乳剂，3%悬浮种衣剂，25%乳油，3%、10%、30%悬浮剂	触杀	叶斑病、炭疽病、白粉病、锈病等	喷雾	为杂环化合物，广谱、高效、低毒、防治效果好、持效期长
噻菌酮 （龙克菌）	20%悬浮剂	内吸、触杀	对细菌性病害有较好的防效	喷雾	为噻二唑杀菌剂，持效期长，药效稳定，对作物安全。不能与碱性药物混用
噁霉灵 （土菌消、立枯灵、绿亨一号、土菌消、土菌克、绿佳宝）	15%、30%水剂，70%可湿性粉剂	触杀	对腐霉菌、镰刀菌引起的猝倒病、立枯病等土传病害有较好的效果	土壤处理或灌根	为低毒、内吸性土壤杀菌剂，能抑制病菌孢子萌发，提高植物生理活性

（续）

名　称	常见剂型	作用方式	防治对象	使用方法	特　性
烯酰吗啉（霜安、安克、伏霜、专克、雄克、安玛、绿捷）	25%、50%可湿性粉剂,69%烯酰吗啉-锰锌可湿粉,55%烯酰吗啉-福可湿粉,50%水分散粒剂,40%、80%水分散粒剂,10%水乳剂	触杀	对于霜霉病、疫霉病、疫病有特效	喷雾	为吗啉类杀菌剂,低毒、低残留、内吸性强,易产生抗性,多混用
嘧菌酯（阿米西达、安灭达、绘绿）	0.1%、1%颗粒剂,25%、30%、35%悬浮剂,25%乳油,20%、50%、60%水分散粒剂	触杀、渗透	对大部分子囊菌、担子菌、半知菌、卵菌均有效	喷雾	为呼吸作用抑制剂,杀菌谱广、杀菌活性高,对人、畜低毒
醚菌酯（翠贝、苯氧菌酯）	50%水分散粒剂,50%干悬浮剂,30%悬浮剂,30%可湿性粉剂	触杀、渗透	对大部分子囊菌、担子菌、半知菌和卵菌均具有良好的防效	喷雾	为呼吸作用抑制剂,杀菌谱广、持效期长,高效、低毒、低残留,使用安全

③抗生素类杀菌剂　是微生物的代谢物质,能抑制病菌的生长和繁殖。特点是防效高、使用浓度低、易被植物吸收,具有内吸、渗透作用,低毒、低残留,不污染环境（表8-10）。

表8-10　常用抗生素类杀菌剂

名　称	常见剂型	作用	防治对象	使用方法	特　性
多抗霉素（多氧霉素、宝丽安、多效霉素、多氧清）	1.5%、2%、3%、10%可湿性粉剂,1%、3%水剂	保护、治疗	防治叶斑病、白粉病、霜霉病、枯萎病、灰霉病等多种病害	喷雾	是金色链霉菌产生的代谢产物,广谱、内吸,对动物无毒,对植物无药害
中生菌素（克菌康、农抗751）	1%水剂,3%可湿性水剂	保护、治疗	对革兰氏阳性细菌及阴性细菌、分歧杆菌、酵母菌、丝状真菌均有效	喷雾或拌种	为N-糖苷类抗生素,抗菌谱广

（9）病毒钝化剂

病毒钝化剂是防治病毒病较为有效的药剂,能够激发植物的抗病性或对植物病毒有钝化作用,可根据实际情况选用(表8-11)。

表 8-11　常用病毒钝化剂

名　称	常见剂型	作用	防治对象	使用方法	特　性
混合脂肪酸（83 增抗剂）	10%水乳剂、10%水剂	诱导、治疗	有效防治烟草花叶病毒	喷雾	低毒，具有诱导植物抗病和刺激植物生长的双重作用，对病毒有钝化作用
菇类蛋白多糖（抗毒丰、菌毒宁、真菌多糖等）	0.5%水剂	预防为主，对病毒复制有抑制作用	对烟草花叶病毒、黄瓜花叶病毒等有显著防效	喷雾、浸种、灌根或浸根	为食用菌的代谢产物，施药后不仅抗病毒，还有明显的增产作用。对人、畜无毒副作用，对植物无残留，对环境无污染
盐酸吗啉胍（毒静）	5%可溶性粉剂，20%可湿性粉剂，20%悬浮剂	治疗	可防治多种病毒病	喷雾	广谱、低毒、低残留，药剂可抑制或破坏核酸和脂蛋白的形成，阻止病毒复制
宁南霉素（菌克毒克）	2%、8%水剂，10%可溶性粉剂	治疗	对烟草花叶病毒有良好防效，兼治多种真菌和细菌病害	喷雾	为广谱抗生素类农药，对人、畜低毒，耐雨水冲刷。不能与碱性物质混用

（10）常用杀线虫剂

防治植物线虫的药剂分为熏蒸剂和非熏蒸剂。熏蒸剂对土壤线虫、病菌、害虫和杂草均有毒杀作用；非熏蒸剂具有触杀和胃毒作用，毒性高、用药量较大。一些杀虫剂也具有杀线虫的作用，此处仅介绍专门防治线虫的药剂（表 8-12）。

表 8-12　常用杀线虫剂

名　称	常见剂型	作用方式	防治对象	使用方法	特　性
威百亩（维巴姆、保丰收）	30%、32.7%、35%、42%、48%水剂	内吸	线虫、真菌、杂草	播前土壤处理	对人、畜低毒，对皮肤、眼、黏膜有刺激作用，持效期15d左右
克线磷（灭线灵、苯线磷、线畏磷、虫胺磷、芬灭松、力满库、线威磷、苯胺磷、灭克磷、益收宝、丙线磷、益丰收）	5%、10%、20%颗粒剂，40%乳油	触杀、内吸	对多种线虫及大部分地下害虫有良好防效	撒施于沟、穴内或植株附近土中	为有机磷酸酯类杀线虫剂，杀线虫效果好，对植物较安全，对人、畜高毒

（续）

名　称	常见剂型	作用方式	防治对象	使用方法	特　性
线虫清 （淡紫拟青菌）	100 亿个孢子/g 粉剂	寄生于线虫的卵	多种花卉根部线虫	拌种	为淡紫拟青霉菌（活体真菌），毒性极低，对人、畜和环境安全

8.4　园林树木常见病虫害防治方法

8.4.1　食叶害虫防治方法

食叶害虫主要有刺蛾类、卷叶蛾类、舟蛾类、尺蠖类、袋蛾类、毒蛾类、灯蛾类、夜蛾类、螟蛾类、潜叶蛾类、金龟子类、叶甲类和叶蜂类等。

（1）刺蛾类害虫防治方法

刺蛾类害虫主要有黄刺蛾、丽绿刺蛾、褐边绿刺蛾和扁刺蛾等，幼虫为刺毛虫，是园林树木主要的杂食性食叶害虫。

①栽培防治　结合冬季修剪和抚育松土，消灭越冬虫茧。

②灯光诱杀　成虫具有趋光性，可设置灭虫灯诱杀。

③人工捕杀　初孵幼虫有群集性，可集中组织人力摘除有虫叶片或枝条。

④生物防治　幼虫危害期间喷施细菌性杀虫剂四唑兰（灭蛾灵）1000 倍液。

⑤药剂防治　喷 90% 晶体敌百虫 1000~1500 倍液或 10% 氯氰菊酯乳油 1000~1500 倍液。

⑥保护天敌　刺蛾在卵期、幼虫期天敌较多，如赤眼蜂、广肩小蜂、姬蜂等，应注意加以保护，用于防治害虫。

（2）美国白蛾防治方法

美国白蛾在我国属于检疫对象，繁殖能力极强，一年可繁殖 4~5 代，幼虫取食叶片，初期群居，形成网幕，为杂食性害虫。

①加强检疫　美国白蛾是国际检疫对象，应加强对调运苗木的检疫，发现后及时处理。

②剪除网幕　在美国白蛾幼虫 3 龄前，每隔 2~3d 仔细查找美国白蛾幼虫网幕，一旦发现网幕及时用高枝剪将网幕连同小枝一起剪下。剪网时要特别注意不要破网，以免幼虫漏出。剪下的网幕立即集中烧毁或深埋，散落在地上的幼虫应立即将其杀死。

③围草诱蛹　对于高大树木，在老熟幼虫化蛹前，在树干离地面 1~1.5m 处用稻草或草帘将树干上松下紧地围绑起来，诱集幼虫化蛹。化蛹期间每隔 7~9d 换一次草把，解下的草把要集中烧毁或深埋。

④灯光诱杀　利用灭虫灯在成虫羽化期诱杀成虫。灭虫灯应设在上一年美国白蛾发生比较严重的空旷地块，在距灯 50~100m 的范围内喷药毒杀灯诱成虫，可取得较好的防治效果。

⑤生物防治　对美国白蛾 4 龄前幼虫喷施 $1.5×10^7~3.0×10^7$ PIB/mL 苏云金杆菌（Bt）。按 1 头幼虫释放 3~5 头周氏啮小蜂的比例，使用周氏啮小蜂防治美国白蛾老熟幼虫。选择无风或微风天气 10:00~17:00 放蜂。可采用二次放蜂，间隔 5d 左右；也可以一次放蜂，用不同发育期的蜂茧混合搭配，将蜂茧悬挂在离地面 2m 处的枝干上。

⑥仿生制剂防治　对美国白蛾 4 龄前幼虫使用 25% 灭幼脲胶悬剂 5000 倍液、24% 虫酰肼胶悬剂 8000 倍液、氟虫脲乳油 8000~10 000 倍液、20% 杀铃脲悬浮剂 8000 倍液进行喷雾防治。

⑦植物杀虫剂防治　对于低龄幼虫，使用 1.2% 烟参碱乳油 1000~2000 倍液进行喷雾防治。

⑧性信息素引诱　利用美国白蛾性信息素在轻度发生区诱杀雄性成虫。每 100m 设一个诱捕器，诱集半径为 50m。诱捕器在春季世代的设置高度以树冠下层（距地面 2.0~2.5m 处）为宜，在夏季世代以树冠中上层（距地面 5~6m 处）最好。诱捕器内放置的敌敌畏棉球每 3~5d 换一次，以保证熏杀效果。诱芯可以使用 2 次，第一代用后，将诱芯用胶片封好，低温保存，第二代可以继续使用。

⑨菊酯类药剂防治　害虫大量发生时，用 10% 氯氰菊酯乳油 1000~1500 倍液，或者其他菊酯类农药如 20% 甲氰菊酯、2.5% 三氟氯氰菊酯 4000~5000 倍液防治。

（3）舟蛾类害虫防治方法

舟蛾类害虫主要有苹掌舟蛾、杨扇舟蛾和杨二尾舟蛾等。幼虫为杂食性食叶害虫，受惊动能吐丝下垂，长大后群集取食叶片。

①人工捕杀　利用幼虫吐丝、群集的特性，及时摘除虫叶并销毁。

②灯光诱杀　成虫羽化期，利用灭虫灯诱杀成虫。

③生物防治　幼虫 1~3 龄时，喷洒青虫菌、白僵菌和苏云金杆菌防治。

④物理防治　对有上、下树习性的舟蛾类害虫，在树上涂毒环，或把塑料薄膜与树干紧贴，在幼虫上树前在塑料薄膜上缘涂一圈由黄油 10 份、机油 5 份、2.5% 的敌杀死乳油 1 份混配成的黏虫药膏。

⑤化学防治　当害虫大量发生时，用 10% 氯氰菊酯乳油 1000~1500 倍液，或者其他菊酯类农药如 20% 甲氰菊酯、2.5% 三氟氯氰菊酯等 4000~5000 倍液防治。

8.4.2　蛀干害虫防治方法

（1）天牛类害虫防治方法

天牛类害虫主要有星天牛、光肩星天牛、黄斑星天牛、桑天牛、云斑天牛、桃红颈天牛和褐天牛等，在木质部钻洞取食，主要危害杨树、柳树、栾树、七叶树和法国梧桐等落叶阔叶树。

①检疫防治　青杨脊虎天牛、杨干象属于国内检疫对象，要严格苗木检疫，一旦发现应及时处理。

②灯光诱杀　悬挂灭虫灯可诱捕多种天牛成虫。

③人工捕杀　成虫羽化盛期，人工捕捉天牛成虫。

④药物注射　先用小刀将虫粪、木屑清除，再用塑料喷油壶注射 40% 毒死蜱乳油 300 倍液（从上向下注射），后用泥浆封口。

⑤熏蒸或烧毁　对危害极为严重的植株，集中熏蒸或烧毁。具体操作为：先用塑料薄膜把树干密封，然后用硫酰氟熏蒸，用量为 $10g/m^3$，时间为 48h。

⑥生物防治　以虫治虫，应用较多的是人工培育姬蜂、肿腿蜂防治青杨天牛。人工筑巢、引鸟入林、以鸟治虫，特别是大斑啄木鸟，对天牛种群的控制起着重要的作用。

（2）小蠹虫类害虫防治方法

红脂大小蠹、华山松大小蠹、松纵坑切梢小蠹等害虫在树干韧皮部取食，严重时导致全株枯死，一般危害松树类。其中，红脂大小蠹被列为国内第二大检疫性害虫，现分布于山西和陕西，危害油松、华山松、樟子松、白皮松和云杉等针叶树。

①加强检疫　红脂大小蠹、双钩异翅长蠹是国内检疫对象，应加强对调运苗木的检疫，如有发现，及时处理。

②栽培防治　及时剪除虫害枝条和病死枝条，当越冬成虫及新羽化成虫进行营养补充造成枝梢枯萎时，应及时剪除枯梢并烧毁。

③树干涂药　在成虫羽化之前用 40%毒死蜱乳油 300 倍液刷树干，药效期达 60d，防治红脂大小蠹效果很好。

④熏蒸树干　将树干基部地面的枯枝落叶清除，根据侵入孔的高度，用手锯在树干上锯一凹槽(尽量不伤韧皮部)，根据树干直径把一块厚约 0.1mm、宽 1m、长 1.5m 的塑料布一端于凹槽处围绕树干一周，用线绳在凹槽内将塑料布绑紧，另一端沿地面四周铺开，用透明胶带把塑料布围合处粘牢，在塑料布内放置 3~5 片磷化铝，用土将地面的塑料布掩埋压实，防止漏气。

⑤伐除或饵木诱杀　伐除虫害木，或者设置饵木杀灭害虫。

⑥昆虫性诱　用性引诱剂和聚集信息素控制与监测害虫。

8.4.3　刺吸汁液害虫防治方法

（1）蚜虫类防治方法

蚜虫类害虫主要有桃蚜、棉蚜、月季长管蚜、紫薇长斑蚜、松蚜、栾树蚜虫、毛白杨蚜虫等，刺吸植物叶片和嫩梢汁液。春季(4~5 月)和秋季(9~10 月)是蚜虫危害较严重的时期。

①化学防治　使用 10%吡虫啉 3000~5000 倍液每 15d 喷洒一次，连续 3 次。

②生物防治　当虫口密度较小时，要保护和利用天敌，如瓢虫、寄生蜂等。

（2）介壳虫类防治方法

介壳虫类害虫主要有桑白蚧、草履蚧、黄杨粕片盾蚧、日本龟蜡蚧、朝鲜球坚蚧、松干蚧等，从枝干上吸食植物的汁液，主要危害大叶女贞、石榴、红叶李、紫薇、国槐等。

①加强检疫　松突圆蚧、枣大球蚧是国内检疫对象，应加强对调运苗木的检疫，如有发现，应及时处理。

②人工捕杀　初发生时多是点、片发生，彻底剪除有虫枝条或人工刷抹有虫枝条，铲除虫源。

③药剂防治　每年早春萌芽前，全树喷 5 波美度石硫合剂一次。

虫体在枝干上蔓延，全园有虫树时，使用 40% 毒死蜱乳油 800～1000 倍液、95% 矿物乳油 1500 倍液等防治。

（3）螨类防治方法

螨类主要有国槐红蜘蛛、柏红蜘蛛、松红蜘蛛、杨柳红蜘蛛、苹果红蜘蛛、山楂红蜘蛛、朱砂红蜘蛛、茶黄螨和竹裂爪螨等。

①化学防治　树木萌芽前喷石硫合剂或者含油量为 3%～5% 的柴油乳剂，特别是在刮皮后喷施效果更好。产卵期喷 20% 四螨嗪 2000～3000 倍液、5% 噻螨酮 1000～1500 倍液，混合发生期用 1.8% 阿维菌素 4000～6000 倍液、15% 达螨灵 2000 倍液、73% 炔螨特 2500～3000 倍液，多种杀螨剂交替使用为好。

②生物防治　保护和利用天敌，如利用捕食螨进行防治。

8.4.4　地下害虫防治方法

地下害虫以蛴螬为主，即金龟子的幼虫，成虫取食植物叶片。有的地区蝼蛄危害较重。

①人工捕杀　利用蛴螬成虫的假死性，在盛发期的清晨或傍晚震树捕杀成虫，具有一定效果。

②生物防治　利用细菌性杀虫剂防治蛴螬也有一定效果。国外利用较多的是日本金龟芽孢杆菌，每亩*用每克含 10 亿个活孢子的菌粉 100g，均匀撒入土中，使蛴螬接触感染发生乳状病（牛奶病）致死。病菌能重复侵染，在土中的持效期较长。

③施放烟剂　在无风的夜晚，适当郁闭的绿地中，根据成虫夜出活动的时间施放杀虫烟剂，有明显杀虫效果。

④土壤施药　蛴螬发生时用 10% 辛拌磷与细土拌匀撒在地面，然后浅锄或者顺垄浇灌，能够兼治蝼蛄、金针虫。也可以用甲基异柳磷处理土壤，每亩使用 2% 粉剂 2～3kg，兑土 25～30kg，顺垄撒施，然后覆土或浅锄。

8.4.5　叶部病害防治方法

叶部病害主要有白粉病、锈病、黑斑病、炭疽病、褐斑病、灰霉病、角斑病和花叶病等。

（1）栽培管理

①增施磷、钾肥，合理使用氮肥。

②控制栽植密度，以利于通风透光。

③清除感病植株，秋冬季扫除枯枝落叶，结合整形修剪除去病梢、病叶，并集中烧毁或填埋，以减少侵染来源。

（2）药剂防治

①园林树木萌芽前喷施 3～4 波美度的石硫合剂综合预防病虫害。

②园林树木生长季节用 25% 三唑酮可湿性粉剂 2000 倍液防治锈病。

③使用氟硅唑或 25% 三唑酮可湿性粉剂 2000 倍液、70% 甲基硫菌灵可湿性粉剂 1000～1200 倍液防治白粉病。

---

* 1 亩 ≈ 667m^2。

④使用苯醚甲环唑类药剂或者 40%多菌灵悬浮剂 500~600 倍液防治黑斑病。

⑤使用 1%~1.5%噻霉酮系列药剂或者 80%福·福锌、50%退菌特可湿性粉剂 600~800 倍液，或 80%多菌灵可湿性粉剂 600 倍液防治炭疽病。

⑥使用铜制剂如 1:(0.5~0.7):200 的波尔多液、48%碱式硫酸铜悬浮剂 800 倍液、70%代森锰锌可湿性粉剂 500~600 倍液防治褐斑病。

⑦使用 70%甲基硫菌灵可湿性粉剂 1000~1200 倍液、50%退菌特 800 倍液喷雾防治角斑病。

⑧选用 80%腐霉利可湿性粉剂 800 倍液、噻霉铜、嘧霉胺等药剂防治灰霉病。

⑨叶面喷硫酸亚铁 300 倍液或者有机铁肥 200 倍液可防治缺铁造成的黄化病。

⑩喷施 3.95%唑·铜·吗啉胍可湿性粉剂 700~800 倍液、1.5%植病灵乳剂可抑制病毒性黄化病，但不能根治。

8.4.6　枝干病害防治方法

枝干病害主要有腐烂病、溃疡病、丛枝病、枯萎病、枯枝病等。

（1）苗木管理

①起苗和栽植时注意保护根系。

②缩短苗木运输时间，减少苗木失水。

③起苗后立即浸入水中 24h，以利于保持树体含水量。

④栽植前使用生根剂，有利于根系恢复生长，提高吸水能力，减少病害。

⑤栽植后应随即灌水。

（2）栽培管理

①当天气干旱、土壤含水量少时，应抓紧浇水。

②增施磷、钾肥和土杂肥，避免偏施氮肥。

③加强树木的抚育管理，提高树木生长势，增强抗病能力。

④秋末在树干下部涂白，使用生石灰、食盐和水按照 1:0.3:10 的比例配制涂白药剂。

（3）药剂防治

①在秋、冬喷药清除潜伏的侵染点，较好的药剂是 40%代森铵 1000~2000 倍液。

②发病高峰期前，用 1%或者 1.5%噻霉酮系列药剂 500~600 倍液，或者用 40%代森铵 200 倍液进行防治。

③用 1%溃腐灵 50~80 倍液涂抹病斑或用注射器直接注射病斑处。

④用 70%甲基硫菌灵 100 倍液、50%多菌灵 100 倍液、50%退菌特 100 倍液、20%嘧啶核苷酸类抗菌素(农抗 120)水剂 10 倍液、12%的腐殖酸·铜(843 康复剂)100 倍液、菌毒清 80 倍液喷洒主干和大枝，阻止病菌侵入。

8.4.7　根部病害防治方法

根部病害主要有花木根朽病、根癌病、根结线虫病等。其中根癌病和根结线虫病病原菌分别为土壤农杆菌和线虫，通常危害樱花、桃、月季、梅和杨树等，染病植株通常在根颈处或主根、侧根和主干产生瘤状物，导致根系发育不良、须根少、生长缓慢。

（1）检疫防治

杜绝引进或外调带病的苗木。

（2）栽培防治

①选择抗病品种和抗病砧木，如梅用山杏砧木、桃用毛桃砧木。

②选择不带病的繁殖材料，并给操作工具消毒。

③采用扩盘施肥的方法，把钾肥与有机肥混合施入，促进根系生长发育。

（3）药剂防治

①对于细菌引起的根癌病，使用 1%～1.5% 噻霉酮系列药剂或 20%～25% 链霉素可湿性粉剂浸根。

②对于真菌引起的根腐病，多数是因树势衰弱造成的，用 25% 多菌灵可湿性粉剂 200 倍液处理根部土壤。

思考与练习

1. 简述园林树木病虫害防治的基本思路。
2. 简述常用的虫害防治方法。
3. 简述常用的病害防治方法。

■ 实践教学

实践 8-1　园林树木病虫害调查

【实践目的】

学习和掌握园林树木病虫害调查的工作内容和工作方法。

【工具和材料】

手机、放大镜、毒瓶、小刀、镊子、捕虫网、小土铲、高枝剪、梯子、笔记本、笔、文件夹、园林树木病虫害调查记录表、园林绿地相关资料等。

【实践内容】

(1)病虫危害树木调查

调查受到病虫危害的园林树木的种类、数量、栽植方式、树体大小、园林用途、生长发育状况(包括病虫害对园林树木根系、枝干、叶片、花朵和果实的危害症状)等基本情况。

(2)病虫害调查

调查病虫的种类、数量、危害等级和发生规律。

(3)调查结果分析

分析调查结果,提出病虫害防治的方法。

【实践安排】

在教师的指导下,学生分组开展园林树木病虫害调查工作。

(1)教师现场讲解和示范园林树木病虫害调查的工作内容和工作方法。

(2)学生以小组为单位,严格按照园林树木病虫害调查工作要求开展园林树木病虫害调查工作。

(3)调查工作完成后,以小组为单位汇报调查工作过程和调查结果,由教师对每个小组进行考核评价。

【实践结果】

(1)园林树木病虫害调查相关资料。

(2)园林树木病虫害调查记录表(表 8-1)。

(3)园林树木病虫害调查报告。

表 8-1　园林树木病虫害调查记录表

调查时间：＿＿＿＿＿＿＿＿＿＿＿＿＿　　调查地点：＿＿＿＿＿＿＿＿＿＿＿＿＿

专业：＿＿＿＿＿　班级：＿＿＿＿＿　学号：＿＿＿＿＿　姓名：＿＿＿＿＿

行政区划		地理位置	
绿地名称		绿地类型	
树种名称		树种编号	
树种数量		树体大小	
栽植方式		园林用途	
有无病虫害	□无病虫害　□有病害　□有虫害		
病虫害名称			
危害部位			
危害症状			
危害程度	□没有危害　□轻微危害　□中度危害　□重度危害　□危害致死		
发生规律			
防治方法			
存在问题			
解决办法			
心得体会			

实践 8-2　园林树木喷施石硫合剂

【实践目的】

学习和掌握园林树木喷施石硫合剂的工作内容和工作方法。

【工具和材料】

石硫合剂原液、波美比重计、水、喷雾器、防护服、防护面罩、防护手套、笔记本、笔、手机、园林树木喷施石硫合剂记录表、园林树木栽植平面图等。

【实践内容】

(1)石硫合剂原液浓度测定

使用波美比重计测量石硫合剂原液浓度。

(2)石硫合剂喷施液配制

根据石硫合剂喷施液浓度计算出稀释石硫合剂原液的加水量。计算公式为：加水量(kg)=(原液浓度÷稀释液浓度-1)/2。

(3)石硫合剂喷施

把配制好的石硫合剂喷施液装入喷雾器，穿戴好防护服和防护用具，对园林树木喷施石硫合剂。

(4)喷施结果检查

完成石硫合剂喷施工作以后，在教师的指导下对喷施工作进行检查。

【实践安排】

在教师的指导下，学生分组开展石硫合剂喷施工作。

(1)教师现场讲解和示范石硫合剂喷施的工作内容和工作要求。

(2)学生以小组为单位，严格按照石硫合剂喷施工作要求对园林树木开展石硫合剂喷施工作。

(3)石硫合剂喷施工作完成后，以小组为单位汇报喷施工作过程和结果，由教师对每个小组进行考核评价。

【实践结果】

(1)园林树木喷施石硫合剂相关资料。

(2)园林树木喷施石硫合剂记录表(表 8-2)。

(3)园林树木喷施石硫合剂报告。

表 8-2 园林树木喷施石硫合剂记录表

喷施时间：_____ 喷施地点：_____

专业：_____ 班级：_____ 学号：_____ 姓名：_____

行政区划		地理位置	
绿地名称		绿地类型	
树种名称		树种编号	
树种数量		树体大小	
栽植方式		园林用途	
原液浓度		喷施液浓度	
喷雾器型号		喷雾器容量	
气候条件			
防护用品			
防护措施			
喷施要求			
注意事项			
喷施部位			
喷施结果			
存在问题			
解决办法			
心得体会			

实践 8-3　园林树木树干涂白

【实践目的】

学习和掌握园林树木树干涂白的工作内容和工作方法。

【工具和材料】

石硫合剂原液、生石灰、水、食盐、刷子、塑料桶、防护面罩、防护手套、笔记本、笔、手机、园林树木树干涂白记录表、园林树木栽植平面图等。

【实践内容】

(1)调查确定涂白树种和数量

在园林绿地中调查所有园林树木,根据园林树木的特性和生长发育状况确定要进行树干涂白的树种和数量。

(2)树干涂白剂配制

使用石硫合剂原液 0.4kg、生石灰 5kg、食盐 0.5kg(可不加)、水 40kg 配制树干涂白剂。

(3)树干涂白工作实施

根据树干涂白的相关要求,实施树干涂白工作。

(4)树干涂白工作结果检查

完成树干涂白工作以后,在教师的指导下对树干涂白工作进行检查。

【实践安排】

在教师的指导下,学生分组实施树干涂白工作。

(1)教师现场讲解和示范树干涂白的工作内容和工作要求。

(2)学生以小组为单位,严格按照树干涂白工作要求开展园林树木树干涂白工作。

(3)树干涂白工作完成后,以小组为单位汇报工作过程和结果,由教师对每个小组进行考核评价。

【实践结果】

(1)园林树木树干涂白相关资料。

(2)园林树木树干涂白记录表(表 8-3)。

(3)园林树木树干涂白报告。

表 8-3 园林树木树干涂白记录表

涂白时间：_____   涂白地点：_____

专业：_____ 班级：_____ 学号：_____ 姓名：_____

行政区划		地理位置	
绿地名称		绿地类型	
树种名称		树种编号	
树种数量		树体大小	
栽植方式		园林用途	
涂白剂成分			
涂白工具			
防护用品			
防护措施			
涂白要求			
注意事项			
涂白部位			
涂白结果			
存在问题			
解决办法			
心得体会			

1. 了解立体绿化的基本概念、立体绿化形式和特点。
2. 了解立体绿化工程规划设计的基本原理和方法。
3. 掌握立体绿化工程施工的工作流程和注意事项。
4. 掌握立体绿化工程养护管理的基本方法和注意事项。
5. 掌握立体绿化工程验收的工作要点和注意事项。

1. 能够进行立体绿化工程现场调查。
2. 能够进行立体绿化工程施工。
3. 能够进行立体绿化工程养护管理。
4. 能够进行立体绿化工程验收。

9.1　立体绿化的概念与作用

立体绿化是运用现代建筑和园林中的各种手段,对绿化地和上部空间一切建筑物和构筑物所形成的再生空间进行多层次、多形式的绿化和美化,用以改善局地气候和生态服务功能、拓展城市绿化空间、美化城市景观的生态建设活动。

立体绿化的作用如下:

(1)扩大城市绿化面积

立体绿化能够扩大城市绿化面积,把城市绿化向建筑物和构筑物等的立面和顶部延伸,增加城市绿量。

(2)改善城市生态环境

立体绿化能够缓解城市热岛效应,提高城市空气湿度,拦蓄和利用降水,缓解城市雨洪,降低城市噪声,节能减排,改善城市生态环境。

（3）保护城市建筑物

立体绿化能够覆盖建筑物的墙面和屋顶，避免墙面和屋顶被风吹、日晒和雨淋，起到保护建筑物和延长建筑物寿命的作用。

（4）美化城市景观

立体绿化能够美化城市建筑物和构筑物等表面，改善和美化城市景观。

（5）提高居民生活质量

立体绿化能够为城市居民提供大范围的绿色视野，愉悦居民身心，提高居民的生活质量。

9.2 立体绿化工作程序与工作要点

9.2.1 立体绿化的工作程序

（1）立体绿化施工现场勘察

调查立体绿化施工现场，掌握立体绿化建筑物或构筑物的结构、材料、建造时间、承重、防水等基本情况，了解立体绿化的面积、形式、预算和工期等要求。

（2）立体绿化工程规划设计

根据立体绿化对象的基本情况、甲方要求和投资预算进行立体绿化工程规划设计，确定立体绿化的形式、结构、材料、面积和工期等。

（3）立体绿化施工准备

签订立体绿化项目施工合同，完善立体绿化工程规划设计方案，组织施工队伍，准备项目经费、资料、工具、材料、机械和安全防护物资等，按照施工安全要求，在施工现场安装围栏，清理施工现场，做好施工准备工作。

（4）立体绿化工程施工

屋顶绿化要拆除原防水层，重做防水层，保证防水安全。在防水层上面铺设保温层，在保温层上面铺设防水过滤层，在防水过滤层上面铺设蓄排水层，在蓄排水层上面铺设栽培基质，在栽培基质中栽植植物，同时安装灌溉系统，保证水分供给。

墙面绿化要安装龙骨、栽培容器和灌溉系统，在容器中填入栽培基质，栽植植物。

（5）立体绿化工程养护管理

立体绿化工程完工后进行养护管理，主要是做好水分管理工作，保证植物成活和正常生长发育，同时做好病虫害防治和整形修剪工作。

（6）立体绿化工程检查验收

在完成立体绿化工程养护期养护管理工作后，对立体绿化工程进行竣工验收，验收内容包括立体绿化工程结构、材料、承重、防水、植物生长发育状况等。

9.2.2 立体绿化的工作要点

（1）保证绿化对象承重安全

立体绿化工程必须保证绿化对象的承重安全，在保证承重安全的基础上实施立体绿化。

（2）保证绿化对象防水安全

在建筑物和构筑物顶部实施立体绿化时，必须做好防水工程，保证建筑物和构筑物顶部防水安全。

（3）保证立体绿化植物正常生长

立体绿化工程必须配置好植物，使植物能够适应特殊环境条件，保证栽植成活和正常生长发育。

（4）保证立体绿化工程施工安全

立体绿化工程的施工要严格按照国家工程施工管理相关规定，保证施工安全。

9.3 屋顶绿化

屋顶绿化是在各种建筑物、构筑物的屋顶、露台、天台、阳台或大型人工假山山体上种植树木、花卉的绿化形式。屋顶绿化场所是建筑物顶部或构筑物顶部，包括房屋、停车场、大门、桥梁、露台、天台和阳台的顶部。

9.3.1 屋顶绿化的类型

（1）覆盖式屋顶绿化

覆盖式屋顶绿化是在建筑物或构筑物的周边栽植藤本植物，让藤本植物攀缘生长覆盖建筑物顶部的绿化形式。覆盖式屋顶绿化施工简单、管理粗放、成本较低，对屋顶承载能力要求低，适合低层屋顶绿化，是最简单的屋顶绿化形式。

（2）种植式屋顶绿化

种植式屋顶绿化是在建筑物或构筑物顶部铺设栽培基质栽植植物的绿化形式。种植式屋顶绿化要求屋顶具有较强的承载和防水能力，铺设两道防水层，保证建筑物承重和防水安全。在防水层上面铺设蓄排水层和栽培基质，然后栽植植物，或用栽培容器栽植植物。栽培基质厚 $10\sim20cm$，安装灌溉系统，一般栽植矮小植物，如树体矮小的灌木或攀缘生长的藤本植物。

（3）屋顶花园

屋顶花园是在屋顶表面运用造园技术营造屋顶园林绿地的绿化形式。屋顶花园包括建筑、道路、植物、水池、假山、花架和雕塑等园林要素，把屋顶打造成可游、可赏、可憩、可娱的屋顶活动空间。屋顶花园是建筑技术与园林艺术的完美结合，是屋顶绿化的高级形式，是建设城市宜居生态环境的重要手段。

9.3.2 屋顶绿化的环境特点

建筑物和构筑物顶部远离土壤，面积较小，承载能力有限，防水要求严格；光照强、光照时间长、昼夜温差大，有利于植物生长发育；栽培基质层薄、水分短缺、风力强，对植物的生长发育产生不利影响。

9.3.3 屋顶绿化的树种选择

屋顶绿化的树种选择需要综合考虑屋顶承重、防水、基质厚度、光照、水分、空气、温度、病虫害、植物特性和人的活动等基本情况，选用能够适应屋顶环境条件、在屋顶能够正常生长发育并发挥绿化作用的树种。一般选用个体小、重量轻、抗旱、抗寒、耐高温、抗风、喜光、须根发达、浅根性的树种，以乡土树种为主。

（1）花灌木

适宜在屋顶栽植的花灌木有月季、榆叶梅、桃、樱花、山茶、牡丹、榆叶梅、火棘、连翘、海棠等。

（2）攀缘树种

屋顶绿化常用的攀缘树种有葡萄、炮仗花、地锦、紫藤、凌霄、络石、常春藤、扶芳藤、忍冬、木香花、油麻藤、蔷薇、五叶地锦等。

（3）绿篱树种

在屋顶绿化中使用的绿篱树种，要求耐修剪、分枝多、生长快速。北方常用胶东卫矛、桃叶卫矛、小叶女贞和侧柏等，南方常用黄杨、冬青、女贞和叶子花等。

9.3.4 屋顶绿化的结构层次

（1）屋顶基层

建筑物或构筑物的顶部就是屋顶绿化工程的基层，分为钢筋混凝土屋顶、泥屋顶和轻钢屋顶。

（2）找平层

在屋顶表面涂抹水泥砂浆找平层，使屋顶表面平整，保持一定坡度，以利于排水。

（3）防水层

在找平层的基础上铺设，保证绿化屋顶的防水安全。

（4）保温层

在第一道防水层的上面铺设，起到屋顶保温作用。

（5）阻根防水层

在保温层的上面铺设，防止植物根系破坏屋顶防水层和屋顶结构。

（6）蓄排水层

在阻根防水层的上面铺设，具有蓄水和排水的作用，既能够储存水分，也能够在栽培基质水分过多时自动将水分排向屋顶排水沟。

（7）隔离过滤层

在蓄排水层上面铺设，保证水分下渗并防止基质下渗堵塞屋顶排水系统。

（8）栽培基质层

在隔离过滤层的上面铺设，栽培基质的厚度为15~50cm，为植物供应矿质元素，从而保证植物正常生长发育。

（9）灌溉系统

在栽培基质层表面或栽培基质中安装灌溉系统，保证屋顶绿化植物的水分供应。

（10）排水系统

排水系统包括排水沟、排水口和雨水管3个部分，保证在雨季和基质水分过多时及时排水。

(11)植物层

在栽培基质中栽植植物。使用栽植容器的屋顶绿化工程，栽培容器的底层替代了第二道防水层、蓄排水层和隔离过滤层，简化了屋顶绿化的结构和层次，降低了工程施工难度。

9.3.5 屋顶绿化工程设计

(1)现场调查

现场调查屋顶的建造时间、结构、材料、承重和防水等情况，测量屋顶面积和调查周边环境。

(2)屋顶绿化形式设计

根据屋顶基本情况、施工环境和甲方意图，确定屋顶绿化的形式、绿化面积和投资概算。

(3)屋顶绿化承重设计

根据屋顶的基本情况进行屋顶绿化承重设计，包括整体承重和局部承重。

(4)屋顶绿化结构设计

根据屋顶的基本情况、绿化形式和承重设计，整体设计屋顶绿化的结构和层次，包括找平层、防水层、保温层、阻根防水层、蓄排水层、隔离过滤层、栽培基质层和植物层的材料、规格和工艺等。

(5)屋顶绿化施工设计

确定屋顶绿化工程施工工期、施工流程、施工标准、施工工具、施工人员和工程质量控制等内容。

(6)屋顶绿化工程预算

完成屋顶绿化工程投资经费预算。

9.3.6 屋顶绿化工程施工

(1)准备工作

掌握屋顶绿化工程基本情况，包括屋顶的基本情况和屋顶绿化工程的基本情况，准备好人员、工具、材料和机械等。

在屋顶绿化工地周围设置安全围栏，包括警示牌和施工安全标志，清理屋顶杂物，拆除屋顶防水层和保温层，露出屋顶。

(2)铺设找平层和防水层

在清理好的屋顶上面铺设找平层，在找平层上面铺设第一道防水层，进行48h闭水试验。

(3)铺设保温层

在第一道防水层上面铺设保温层。

(4)铺设阻根防水层

在保温层上面铺设钢丝网片，然后铺设找平层，再在找平层的上面铺设第二道防水层，即阻根防水层。

（5）铺设蓄排水层

在第二道防水层上面铺设蓄排水层。

（6）铺设隔离过滤层

在蓄排水层上面铺设隔离过滤层。

（7）铺设栽培基质层

在隔离过滤层上面铺设配制好的栽培基质。

①日本屋顶绿化栽培基质是土壤与蛭石、珍珠岩、煤渣或泥炭按照 $3:1(V/V)$ 的比例配制，容重为 $1400kg/m^3$。

②美国、英国屋顶绿化栽培基质使用砂土、腐殖土和人工轻质材料配制，容重为 $1000\sim1600kg/m^3$。

③德国屋顶绿化栽培基质使用腐殖质、泥炭、泡沫屑和有机肥配制，容重为 $700\sim1500kg/m^3$。

④中国屋顶绿化栽培基质使用泥炭、黄绵土、蛭石和珍珠岩等配制，容重为 $780\sim1600kg/m^3$。

（8）安装灌溉系统和排水系统

铺设栽培基质后安装灌溉系统和排水系统，保证植物水分供应和及时排水。也可以安装智能灌溉系统，监测基质水分和进行智能化灌排水。

（9）栽植植物

在铺设好的栽培基质中，按照规划设计的栽植方式和密度栽植植物，栽植后浇水，保证植物成活。

9.3.7 屋顶绿化工程养护管理

（1）水分管理

屋顶绿化工程养护管理工作的首要任务是做好水分管理，保证植物成活和正常生长发育。

（2）整形修剪

在屋顶绿化植物正常生长发育的情况下，做好整形修剪工作，控制植物的大小和形状，保证美观和安全。

（3）病虫害防治

做好病虫害防治工作，保证屋顶绿化植物没有病虫害。

（4）越冬防寒

在冬季寒冷的北方地区使用浇冻水、平茬的方法保证屋顶绿化植物安全越冬。

（5）基础设施管理

对屋顶绿化的整体结构层次进行养护管理，包括屋顶防水层和灌排水系统等的养护管理，保证屋顶承重和防水安全。

9.4 垂直绿化

垂直绿化是合理利用立地条件，选择攀缘植物及其他植物栽植并依附或者铺贴于各种建(构)筑物及其他空间结构的绿化方式。垂直绿化扩大了城市绿化面积，改善城市生态环境，美化建筑物和构筑物立面，提高城市人居环境质量，具有独特的绿化作用。

9.4.1 垂直绿化的形式

(1)棚架绿化

在住宅和庭院中选用葡萄、猕猴桃和五味子等藤本树木进行绿化，获得经济效益的同时起到美化和改善生活环境的作用。

(2)驳岸绿化

在驳岸旁栽植植物绿化驳岸。栽植的树种有地锦、紫藤、蔷薇类、迎春花、探春花、常春藤、络石等。

(3)护坡绿化

用藤本植物覆盖护坡，起到绿化和美化的作用，同时防止水土流失。一般选用地锦、常春藤、蔓性蔷薇、薜荔、扶芳藤、迎春花、探春花和络石等树种。

(4)柱干绿化

应用藤本植物攀缘树干、电线杆和灯柱，形成绿柱、花柱等独特的景观效果。常用忍冬、地锦、凌霄、紫藤、络石和薜荔等树种。

(5)墙面绿化

在建筑物墙面实施绿化，美化墙面，保护和装饰建筑外墙。

9.4.2 垂直绿化的树种类型

(1)缠绕类

依靠主茎或叶轴缠绕其他物体向上生长的藤本树木，如紫藤、忍冬、木通和南蛇藤等。

(2)吸附类

依靠茎上的吸附根或吸盘吸附其他物体攀缘生长的藤本树木，如地锦、凌霄、薜荔和常春藤等。

(3)卷须类

利用卷须攀缘生长的藤本树木，如葡萄等。

(4)钩刺类

利用枝刺或皮刺攀缘生长的藤本树木，如藤本月季、山莓等。

(5)蔓生类

没有缠绕特性和卷须、吸盘、吸附根等特化器官，茎长而细软，披散下垂的一类藤本树木，如迎春花、探春花、枸杞和木香花等。

9.4.3 垂直绿化的树种选择

①根据环境条件和树种特性选择垂直绿化树种。

②一般选择耐寒、耐旱、耐瘠薄、抗性强和养护管理简单的树种。

③选择具有卷须、吸盘和吸附根，且对建筑物没有损伤和破坏的树种。

④选择景观特色突出的树种，要求枝繁叶茂、花繁色艳、果实累累、形色俱佳。

⑤选择生态作用较强的树种，要求生长速度快、生长势强、枝叶密度大、遮阴效果好，无毒、无异味、无污染、病虫害少。

9.4.4 垂直绿化树木养护管理

（1）水分管理

①垂直绿化树木栽植后浇 3 次水，以保证成活。

②在夏季要保证水分供应，保证树木正常生长发育。

③在开花期浇开花水，保证树木观花效果。

④在土壤结冻前灌冻水，保证树木安全越冬。

⑤在雨季防止土壤积水，保证树木正常生长发育。

（2）土壤管理

①每年扩穴施肥，开沟宽度 40~50cm、深度 60~80cm，要清除土壤杂物，将底土和表土分别堆放，回填时将表土埋入坑底，切断直径小于 2cm 的根系。

②在早春或晚秋施基肥，以钾肥为主，可以提高树体营养贮存水平。

（3）整形修剪

垂直绿化树木的整形修剪要根据垂直绿化的形式和树木生长发育特性制订整形修剪方案，在生长期和休眠期进行修剪，保证树木正常生长发育，维持垂直绿化的景观效果。

思考与练习

1. 简述立体绿化的概念。

2. 简述立体绿化的作用。

3. 简述立体绿化的工作要点。

4. 简述屋顶绿化的结构层次。

5. 简述屋顶绿化工程施工流程。

实践教学

实践 9-1 立体绿化项目调查

【实践目的】

学习和掌握立体绿化项目调查的工作内容和工作方法。

【工具和材料】

手机、皮尺、钢卷尺、笔记本、笔、文件夹、立体绿化项目调查记录表、立体绿化工程资料等。

【实践内容】

(1) 立体绿化对象所在地区自然环境调查

调查立体绿化对象所在地区的自然环境条件，包括气候、土壤、植被、海拔、经纬度等内容。

(2) 立体绿化对象基本情况调查

调查立体绿化对象的基本情况，包括建筑物、构筑物或者其他绿化对象的名称、占地面积、高度、长度、宽度、结构、材料、用途等具体内容，以及立体绿化对象的地理位置、周边建筑物和构筑物等相关内容。

(3) 立体绿化项目其他基本情况调查

调查立体绿化的基本类型、形式、绿化面积、结构层次、材料、栽培基质，以及立体绿化植物的种类、数量、规格、生长发育状况、绿化效果等。另外，还要调查立体绿化植物的树体损伤、病虫危害等基本情况。

(4) 立体绿化技术措施调查

调查立体绿化的基本技术措施，包括立体绿化的防水、承重、整形修剪、栽培基质管理、施肥、浇水、病虫害防治、越冬防寒等基本技术措施。

(5) 调查结果分析

在完成立体绿化项目调查的基础上，对立体绿化项目进行综合分析，找出立体绿化项目存在的问题和不足之处。

(6) 提出意见和建议

在发现和分析立体绿化项目相关问题的基础上，结合立体绿化工程相关理论，提出解决问题的方法，同时提出相关意见和建议。

【实践安排】

在教师的指导下，学生分组或者整体选择某一立体绿化项目开展调查。

(1) 教师讲解立体绿化项目调查的工作内容、工作要求和工作方法。

(2) 学生以班级或者小组为单位开展立体绿化项目调查工作，调查内容包括：立体绿化对象所在地区的自然环境条件、立体绿化对象基本情况、立体绿化植物生长发育状况等。

(3) 在完成立体绿化项目调查工作的基础上，教师组织学生对立体绿化项目调查结果进行分析，解答学生提出的疑问，学生填写立体绿化项目调查记录表，撰写立体绿化项目调查报告。

(4)每个小组汇报立体绿化项目调查结果，教师在现场点评各个小组的调查工作情况，找出调查工作中存在的问题，提出改正的办法。

【实践结果】

(1)立体绿化项目调查记录表(表9-1)。

(2)立体绿化项目调查报告。

表 9-1 立体绿化项目调查记录表

调查时间: _____　　　调查地点: _____

专业: _____　　班级: _____　　学号: _____　　姓名: _____

行政区划		地理位置	
立体绿化对象基本情况			
立体绿化形式			
立体绿化结构层次			
立体绿化树木名称			
生态作用			
景观作用			
立体绿化栽培基质			
立体绿化工程造价			
存在问题			
解决办法			
心得体会			

实践 9-2　屋顶绿化工程施工

【实践目的】

学习和掌握屋顶绿化工程实施的工作内容和工作方法。

【工具和材料】

铁锹、镐头、防水层材料、阻根防水层材料、保温层材料、过滤层材料、栽培基质、绿化植物、皮尺、钢卷尺、笔记本、笔、文件夹、屋顶绿化工程规划设计说明书、屋顶绿化工程施工设计图纸、屋顶绿化工程施工记录表。

【实践内容】

(1) 掌握屋顶绿化工程基本情况

阅读屋顶绿化规划设计说明书和屋顶绿化设计图纸，查看屋顶绿化施工现场，了解屋顶绿化工程基本情况，包括地理位置、建筑结构、建筑材料、承重能力、防水能力、建造时间、建筑使用情况、建筑破损情况、绿化面积、绿化结构层次、栽培基质、绿化植物等基本情况。

(2) 屋顶绿化工程施工准备

在掌握屋顶绿化工程基本情况的基础上，准备屋顶绿化材料、工具、栽培容器、栽培基质、绿化植物等所需物资。

(3) 屋顶绿化工程施工

清理屋顶绿化场地，铺设屋顶找平层和防水层，进行闭水试验，铺设保温层、阻根防水层、蓄排水层、隔离过滤层，填充栽培基质，栽植绿化植物。

(4) 屋顶绿化工程养护管理

对屋顶绿化工程进行养护管理，包括浇水、施肥、病虫害防治、整形修剪等工作。

【实践安排】

在教师的指导下，学生分组选择某一建筑物或者构筑物顶部作为屋顶绿化施工现场，根据屋顶绿化规划设计方案开展屋顶绿化工程施工。

(1) 教师讲解屋顶绿化工程施工的工作内容、工作流程、工作要点和注意事项。

(2) 学生以小组为单位，按照屋顶绿化规划设计说明书和设计图纸完成场地清理、找平层和防水层铺设、保温层铺设、阻根防水层铺设、蓄排水层铺设、隔离过滤层铺设、栽培基质填充、植物栽培等工作。

(3) 在完成屋顶绿化工程施工的基础上，教师安排各小组围绕屋顶绿化工程施工工作开展总结交流，发现屋顶绿化工程施工过程中出现的问题，找出解决的方法，提高学生的屋顶绿化工程施工能力。学生填写屋顶绿化工程施工记录表，撰写屋顶绿化工程施工报告。

(4) 学生以小组为单位向教师汇报屋顶绿化工程施工过程和工作结果，教师在现场点评各小组的施工工作，进一步找出存在的问题，提出意见和建议。

【实践结果】

(1) 完成屋顶绿化工程项目。

(2) 屋顶绿化工程施工记录表(表 9-2)。

(3) 屋顶绿化工程施工报告。

表9-2 屋顶绿化工程施工记录表

施工时间：＿＿＿＿＿＿＿＿＿＿＿　　施工地点：＿＿＿＿＿＿＿＿＿＿＿

专业：＿＿＿＿＿　　班级：＿＿＿＿＿　　学号：＿＿＿＿＿　　姓名：＿＿＿＿＿

行政区划		地理位置	
拟绿化屋顶基本情况			
屋顶绿化结构层次			
施工工具			
施工材料			
栽培基质			
绿化树种			
施工过程			
存在问题			
解决办法			
心得体会			

单元 10　古树名木保护

知识目标

1. 了解古树名木保护的相关概念和意义。
2. 掌握古树名木调查的内容和方法。
3. 掌握古树名木建档立卡的内容和方法。
4. 掌握古树名木树体保护的内容和方法。
5. 掌握古树名木生长环境调控的原理和方法。

能力目标

1. 能够进行古树名木调查。
2. 能够进行古树名木保护建档立卡。
3. 能够保护古树名木树体。
4. 能够保护古树名木生长环境。
5. 能够制订古树名木保护工作方案。

10.1　古树名木保护相关概念

根据《城市古树名木保护管理办法》，古树是树龄在 100 年以上的树木，名木是国内外稀有的以及具有历史价值和纪念意义及重要科研价值的树木。古树名木分为两个等级。一级古树名木是指树龄在 300 年以上，或者特别珍贵稀有，具有重要历史价值和纪念意义，或重要科研价值的古树名木；其余为二级古树名木。

古树名木保护就是对古树名木进行调查和登记，制订古树名木保护工作方案，对古树名木的生长环境和树体进行养护管理的工作。

10.2　古树名木保护意义

（1）古树名木是活的自然遗产

古树名木的生长发育经过漫长的自然历史时期，经历了自然环境的长期变迁，是珍贵的自然遗产。保护古树名木就是保护自然遗产，保护独特的种质资源和自然景观。

（2）古树名木是活的历史遗产

古树名木的生活史伴随着民族和国家的发展史，每一株古树名木都是在特定的历史条件下栽植和生长发育的，如周柏、秦松、汉槐、隋梅、唐银杏和唐樟等都是历史的见证者。陕西黄陵的"黄帝手植柏"是中国最大的柏树，树高逾 20m，胸径逾 10m，据传是中华民族始祖轩辕黄帝亲手栽植。

（3）古树名木是重要的文化艺术素材

古树名木是历代文人墨客吟诗作画的重要题材。如"扬州八怪"李鱓的名画《五大夫松》，就是泰山古树名木的艺术性再现；湖北黄梅县的五祖寺生长的一株晋梅，因我中国禅宗的六祖慧能大师曾为其施肥和整形修剪，成为独特的文化景观和遗产。

（4）古树名木具有极高的观赏价值

古树名木经过成百上千年的生长发育，饱经风霜，树形苍劲古拙，姿态奇特，观赏价值极高。如黄山"迎客松"、泰山"卧龙槐"、北京中山公园"槐柏合抱"、北京天坛公园"九龙柏"、北京香山公园"白松堂"、北京戒台寺"活动松"、泰山岱庙"唐槐抱子"和"百鸟朝凤"，都是观赏价值极高的古树名木。

（5）古树名木是研究自然环境变化的活材料

古树名木是研究气候和土壤等自然环境演替的重要材料，古老的树体结构反映出自然环境的历史变迁，在研究气候和土壤历史演变工作中起着极其重要的作用。

（6）古树名木是园林绿化的活教材

古树名木是在特定的自然区域经过漫长历史时期的自然选择保留下来的乡土树种，对生长地的自然环境条件具有极强的适应能力。因此，在园林树木选择配置工作过程中应该参考当地古树名木，把地方古树名木作为园林树木选择配置的重要依据。

10.3 古树名木保护方法

10.3.1 古树名木调查

古树名木调查的内容包括树体调查、生长环境调查、养护管理现状调查和历史资料调查。

（1）古树名木树体调查

树体调查的内容包括树种、数量、树龄、树高、冠幅、胸径、生长势、枝叶密度、树形、树体损伤、病虫危害等基本情况。

（2）古树名木生长环境调查

生长环境调查包括土壤、气候和周边环境调查。

（3）古树名木养护管理现状调查

养护管理现状调查包括古树名木的养护管理单位和养护管理措施调查。

（4）古树名木历史资料调查

历史资料调查包括收集古树名木的相关历史资料，如人物、故事、诗、词、书、画和神话传说等相关资料。

10.3.2 古树名木登记造册

在古树名木调查的基础上，对古树名木进行统计、分级、编号和登记造册，建立古树名木档案。

10.3.3 古树名木保护工作方案制订

对古树名木进行分级管理，根据古树名木的等级、生长状况、生长环境、养护管理现状等制订古树名木保护工作方案，按照工作方案实施古树名木保护工作。

10.3.4 古树名木养护管理

（1）树体支撑

古树名木树干中空、主枝枯死、树冠残缺、树体倾斜时，要对树体进行支撑。可以使用支柱或者棚架支撑古树名木。

（2）树洞处理

古树名木树洞处理是防止树洞扩大、保护树干、恢复长势、消除安全隐患的重要措施。树洞处理有 3 种方法：

①开放法 把树洞的腐朽部分和洞口的死组织清除，露出活组织；然后用药剂消毒，再涂防护剂（每半年涂一次防护剂）；最后在树洞底部开口，以利于树洞排水。大树洞具有奇特的观感，可以采用开放法处理以供观赏。

②封闭法 把树洞的腐烂木质部清除，刮去洞口边缘的死亡组织，用药剂消毒处理后，在洞口覆盖金属薄片，树洞周边伤口愈合时会将金属薄片嵌入树体封闭洞口。也可在洞口钉上板条，以油灰（生石灰和熟桐油以 1∶0.35 混合）和麻刀灰封闭板条表面，再用白灰、乳胶、颜料粉刷，或在上面压树皮状花纹。

③填充法 树洞经清理、消毒后，使用聚氨酯新型材料填充。这种材料坚韧、结实、稍有弹性，易与心材和边材黏合，具有操作简便、质量轻、容易灌注的特点，可与杀菌剂共用，膨化、固化迅速，容易形成愈伤组织。

（3）设避雷针

高大的古树名木应安装避雷针，避免雷击。

（4）防治病虫害

古树名木的病虫害防治工作主要是加强树体和环境管理，促进古树名木正常生长发育，同时综合运用病虫害防治技术，以预防为主，综合防治。

（5）土肥水管理

古树名木的土肥管理工作的首要任务是土壤调查，然后根据土壤检测结果对古树名木生长发育的土壤环境进行科学管理。土壤板结，矿质元素与有机物含量不足时，要深翻换土，埋入有机肥，改良土壤。可在秋季树木落叶时开沟施肥，施腐殖土、有机肥和少量化肥。水分管理工作主要是在干旱季节灌水，春季萌芽时浇萌动水，冬季浇冻水，以及修筑排水设施，避免雨季积水。

（6）整形修剪

古树名木要定期进行整形修剪，剪去病虫枝、枯死枝和细弱枝，树体衰老、残缺不全时对大枝进行回缩，更新树冠，调节生长势和树形。

（7）树体喷水

喷水清洁树体，保持树体表面清洁，不仅有利于观赏和防治病虫害，在夏季还可以降低树体温度，促进生长发育。

（8）设置防护栏

在古树名木树体周围设置防护栏，保护树体和土壤。

（9）设立标示牌

给古树名木设立标示牌，标明树种、树龄、等级、编号、历史背景、管理部门、管理措施等信息，加强宣传教育。

10.4　古树名木复壮

10.4.1　调查分析古树名木生长发育现状和衰老原因

调查古树名木的生长环境和生长发育状况，分析并判断古树名木衰老的原因。

（1）调查古树名木生长发育现状

古树名木经过成百上千年的生长发育，树龄很大，进入了生命周期的衰老期，生长发育极其缓慢，树体衰老濒临死亡。

（2）调查生长环境对古树名木的影响

①自然灾害　古树名木在生长发育过程中经受雷电、风霜、雨雪、地震、干旱和洪涝等自然灾害，造成树体损伤和生长衰弱。

②病虫危害　古树名木进入衰老期，生长势减弱，树体抵抗能力下降，容易受到病虫危害，加速古树名木衰老和死亡。

（3）调查人为活动对古树名木的影响

经过多年的踩踏和其他人为活动影响，形成板结、肥力下降等不利于古树名木根系生长发育的土壤环境，造成古树名木根系生长衰弱。在古树名木周边堆放杂物，在树体上搭建房屋、悬挂物件等，直接对古树名木产生破坏和损伤。人类活动造成的酸雨、空气污染、水污染和土壤污染等环境问题也会导致古树名木的生长发育衰弱。

10.4.2　古树名木复壮方法

（1）土壤改良

深翻土壤，埋入腐叶土改良土壤。腐叶土是松树、栎树、槲树、紫穗槐等腐熟落叶加入少量 N、P、Fe、Mn 等元素混合制成，含有丰富的矿质元素、胡敏素和黄腐酸等，能够增加土壤矿质元素和有机质含量，提高土壤通透性，有利于古树名木根系生长发育。

（2）土壤埋枝

在古树名木树冠垂直投影外侧挖 4~12 条长 120cm、宽 40~70cm、深 80cm 的放射状沟，在沟底埋 10cm 厚的疏松表土，将枝条捆绑排放在表土上面（每捆枝条的直径为 20cm 左右），撒疏松黄土、尿素和粉碎的麻酱渣、动物骨头、贝壳等，覆土厚度 10cm，再排放第二层树枝，最后覆土踩实。

（3）土壤翻晒

将古树名木树冠垂直投影范围内的表土挖起，深度达 20cm，晾晒 4~7d 以后，将原土加松针土按 1 : 1(V/V)拌匀，加入 70%五氯硝基苯 5g/m²、硫菌灵 2.5g/m² 或者多菌灵 2.5g/m²(与 50~100 倍的细土拌匀后埋入)，也可埋入菌肥。

（4）安装透气管

在古树名木树冠垂直投影边缘土壤中安装直立的金属、陶土或塑料材质的透气管，管径 8~10cm，长 80~100cm，管壁有孔，外面包棕榈片等物，以防堵塞。每株树安装 2~4 根透气管，下端与复壮沟内的树枝相连，顶部加上带孔的铁盖，便于通气、施肥和灌水。

思考与练习

1. 简述古树名木的概念。
2. 简述古树名木保护的意义。
3. 简述古树名木保护的方法。
4. 简述古树名木树体衰弱的原因。
5. 简述古树名木复壮的方法。

实践教学

实践 10-1　古树名木调查

【实践目的】

学习和掌握古树名木调查的内容和方法。

【工具和材料】

皮尺、钢卷尺、围尺、手机、笔记本、笔、文件夹、古树名木调查记录表、古树名木保护工作资料等。

【实践内容】

(1)古树名木生长环境调查

调查古树名木生长环境，包括行政区划、海拔、经度、纬度、气候、土壤环境、周边环境(建筑物、道路、地面硬化、空中线路和地下管线)等基本情况。

(2)古树名木树体调查

调查古树名木的种类、树体大小(树高、胸径、干高、冠幅等)、生长发育状况、生态作用和景观作用等。

(3)调查结果分析

在调查的基础上综合分析调查结果，找出存在的问题，提出解决问题的办法。

【实践安排】

(1)教师现场讲解和示范古树名木调查的内容和方法。

(2)学生以小组为单位在教师的指导下开展古树名木调查工作。

(3)调查工作结束后，学生以小组为单位汇报调查工作过程和结果，教师对每个小组的调查工作进行考核评价。

【实践结果】

(1)古树名木调查记录表(表 10-1)。

(2)古树名木调查报告。

表 10-1 古树名木调查记录表

调查时间：_____ 调查地点：_____

专业：_____ 班级：_____ 学号：_____ 姓名：_____

行政区划		海拔	
经度		纬度	
土壤环境		周边环境	
树种名称		树体编号	
树龄		树高	
胸径		干高	
南北冠幅		东西冠幅	
平均冠幅		干形	
冠形		枝叶密度	
生长发育状况			
生态作用			
景观作用			
存在问题			
解决办法			
心得体会			

实践 10-2　古树名木养护管理现状调查

【实践目的】

学习和掌握古树名木养护管理现状调查的内容和方法。

【工具和材料】

皮尺、钢卷尺、围尺、手机、笔记本、笔、文件夹、古树名木保护相关资料、古树名木养护管理现状调查记录表等。

【实践内容】

(1)古树名木基本情况调查

调查古树名木的种类、管护单位、生长环境、树体损伤情况、病虫害等基本情况。

(2)古树名木养护管理措施调查

调查古树名木的养护管理措施,包括防护栏、标示牌、树洞处理、整形修剪、避雷针、土肥水管理、病虫害防治、越冬防寒和树体支撑等。

(3)调查结果分析

在调查的基础上分析调查结果,找出存在的问题,提出解决问题的办法。

【实践安排】

(1)教师现场讲解和示范古树名木养护管理现状调查的内容和方法。

(2)学生以小组为单位在教师的指导下开展古树名木养护管理现状调查工作。

(3)调查工作结束后,学生以小组为单位汇报调查工作过程和结果,教师对各小组的调查工作进行评价考核。

【实践结果】

(1)古树名木养护管理现状调查记录表(表10-2)。

(2)古树名木养护管理现状调查报告。

表 10-2 古树名木养护管理现状调查记录表

调查时间：_____   调查地点：_____

专业：_____   班级：_____   学号：_____   姓名：_____

行政区划		地理位置	
树种名称		树体编号	
管护单位			
生长环境			
树体大小			
树体损伤情况			
病虫害			
养护管理措施			
存在问题			
解决办法			
心得体会			

参考文献

蔡平，祝希德，2003. 园林植物昆虫学[M]. 北京：中国农业出版社.

陈有民，2011. 园林树木学[M]. 2版. 北京：中国林业出版社.

成海忠，陈立人，2015. 园林植物栽培与养护[M]. 北京：中国农业出版社.

丁世民，2014. 园林绿地养护技术[M]. 北京：中国农业大学出版社.

黄少彬，2003. 园林植物病虫害防治[M]. 北京：高等教育出版社.

黄云玲，张君超，韩丽文，2019. 园林植物栽培养护[M]. 3版. 北京：中国林业出版社.

李承水，2007. 园林树木栽培与养护[M]. 北京：中国农业出版社.

李吉跃，2010. 城市林业[M]. 北京：高等教育出版社.

刘德良，廖富林，2014. 园林树木栽培学[M]. 北京：中国林业出版社.

石进朝，2012. 园林植物栽培与养护[M]. 北京：中国农业大学出版社.

斯诺格拉斯(Snodgrass E C)，斯诺格拉斯(Snodgrass L L)，2012. 屋顶绿化：植物资源与种植指南[M].
    李世晨，王军，杨志德，译. 武汉：华中科技大学出版社.

王仙民，2011. 上海世博立体绿化[M]. 武汉：华中科技大学出版社.

王仙民，2013. 屋顶花园设计与案例解析[M]. 南京：江苏科学技术出版社.

叶要妹，包满珠，2019. 园林树木栽植养护学[M]. 5版. 北京：中国林业出版社.

张随榜，2008. 园林植物保护[M]. 北京：中国农业出版社.

张秀英，2005. 园林树木栽培养护学[M]. 2版. 北京：高等教育出版社.

张中社，汪世宏，2004. 园林植物病虫害防治[M]. 北京：高等教育出版社.

周兴元，2006. 园林植物栽培[M]. 北京：高等教育出版社.

祝志勇，韩丽文，2015. 园林植物造型技术[M]. 2版. 北京：中国林业出版社.

祝遵凌，2007. 园林树木栽培学[M]. 南京：东南大学出版社.